세계를 담은
한글

세계를 담은 한글

3판 1쇄 발행   2025년 4월 1일

글쓴이   이현정
그린이   임성훈

펴낸이   이경민
펴낸곳   ㈜동아엠앤비
출판등록   2014년 3월 28일(제25100-2014-000025호)
주소   (03972) 서울특별시 마포구 월드컵북로22길 21, 2층
전화   (편집) 02-392-6901 (마케팅) 02-392-6900
팩스   02-392-6902
전자우편   damnb0401@naver.com
SNS

ISBN 979-11-6363-252-8 (74400)

※ 책 가격은 뒤표지에 있습니다.
※ 잘못된 책은 구입한 곳에서 바꿔 드립니다.

초등 융합 사회과학 토론왕 시리즈의 출판 브랜드명을 과학동아북스에서 뭉치로 변경합니다.
도서출판 뭉치는 ㈜동아엠앤비의 어린이 출판 브랜드로, 아이들의 사고력을 높여주고, 창의력을 키워주기 위해 노력합니다. 우리 아이들이 사고뭉치와 창의뭉치로 성장할 수 있도록 좋은 책을 만들겠습니다.

세계를 담은 한글

글쓴이 **이현정**　그린이 **임성훈**

펴내는 글

한글 세계화를 위해 어떤 노력을 해야 할까요?
한글날은 왜 공휴일이 아닐까요?

선생님의 질문에 교실은 일순간 조용해지기 시작합니다. 인내심이 한계에 다다른 선생님께서 콕 집어 누군가의 이름을 부르는 순간 내가 걸리지 않았다는 안도감에 금세 평온을 되찾지요. 많은 사람 앞에서 어떻게 말을 해야 할까 고민 한번 해 보지 않은 사람은 없을 겁니다.

사람들 앞에서 자신의 생각을 조리 있게 전달하는 기술은 국어 수업 시간에만 필요한 것이 아닙니다. 학교 교실뿐만 아니라 상급 학교 면접 자리 또는 성인이 된 후 회의에서도 자신의 의견을 분명히 표현할 수 있어야 합니다. 하지만 어디서부터 시작해야 할지 몰라 입을 떼는 일이 쉽지 않습니다. 혀끝에서 맴돌다 삼켜 버리는 일도 종종 있습니다. 얼떨결에 한마디 말을 하게 되더라도 뭔가 부족한 설명에 왠지 아쉬움이 들 때도 많습니다.

논리적 사고 과정과 순발력까지 필요로 하는 토론장에서 자신만의 목소리를 내려면 풍부한 배경지식은 기본입니다. 게다가 고학년으로 올라가서 배우는 수업과 진학 시험에서의 논술은 교과서 속의 내용만을 요구하지 않습니다. 또한 상대의 의견을 받아들이거나 비판하기 위해서도 의견의 타당성과 높은 수준의 가치 판단을 해야 하는 경우가 많은데, 자신의 입장을 분명히 하기 위해선 풍부한 자료와 논거가 필요합니다. 「초등 융합 사회과학 토론왕」 시리즈는 사회에서 일어나는 다양한 사건과 시사 상식 그리고 해마다 반복되는 화젯거리 등을 초등학교 수준에서 학습하고 자신의 말로 표현할 수 있도록 기획되었습니다.

체계적이고 널리 인정받은 여러 콘텐츠를 수집해 정리하였고, 전문 작가들이 학생들의 발달 상황에 맞게 다양한 분야를 정리하였습니다. 개별적으로 만들어진 교과서에서는 접할 수 없는 구성으로 주제와 내용을 엮어 어린 독자들이 과학적 사고뿐만 아니라 문제 해결력, 비판적 사고력을 두루 경험할 수 있도록 하였습니다. 폭넓은 정보를 서로 연결지어 설명함으로써 교과별로 조각나 있는 지식을 엮어 배경지식을 보다 탄탄하게 만들어 줍니다. 뿐만 아니라 국어를 기본으로 과학에서부터 역사, 지리, 사회, 예술에 이르기까지 상식과 사회에 대한 감각을 익히고 세상을 올바르게 바라보는 눈도 갖게 할 것입니다.

『세계를 담은 한글』은 우리나라 고유의 언어인 한글이 탄생하게 된 배경부터 과학적인 우수성을 인정받은 창제 원리, 전 세계로 뻗어 가는 한글의 위상과 한글을 대하는 우리들의 마음가짐 등 한글을 둘러싼 다양한 정보를 폭넓게 다루고 있습니다. 또한 여러 역경을 거쳐 한글을 끝까지 지켜 내고 가꾸어 온 조상들의 마음을 공감할 수 있다면 더없이 소중한 시간이 될 것입니다.

편집부

펴내는 글 · 4
외계인도 반한 한글 · 8

1장 찌아찌아족 소녀에게서 온 편지 · 11

부퉁 섬의 한글 대소동

세종대왕이 발명한 세계 최고의 글자

한글에 푹 빠지다!

토론왕 되기! 위기의 빠진 언어를 구하라!

2장 600년 전 조선에서 온 편지 · 33

한자는 어렵고 불편해!

우주의 원리를 담은 글자

태산 같은 반대도 이겨 낸 백성에 대한 사랑

훈민정음이 바꾼 백성들의 삶

토론왕 되기! 훈민정음 해례본은 어디에?

3장 100여 년 전 대한제국에서 온 편지 · 67

우리말과 글에 담긴 우리 얼(정신)

토론왕 되기! 말과 글은 우리의 얼굴이에요!

4장 폴란드 바르샤바 대학교에서 온 편지 · 89

폴란드에서 만난 세종대왕

배우기 참 쉬운 글자, 한글

한글을 배우면 한국이 보여!

토론왕 되기! 세계가 존경하는 우리나라의 세종대왕

5장 가까운 미래, 파리에서 온 편지 · 103

한글을 되돌려드립니다!

어려운 용어를 파헤치자! · 116

한글에 관해 더 많이 알고 싶을 땐 여기를 가봐! · 119

신 나는 토론을 위한 맞춤 가이드 · 120

이 책의 내용은 역사적인
사실을 기초로 작가가
상상력을 더해 만든
이야기랍니다.
지금부터 우리나라의
아름다운 문자 한글 속으로
함께 떠나 볼까요?

 부퉁 섬의 한글 대소동

 내 이름은 카사타니아. 인도네시아의 부퉁 섬에 살아. 부퉁 섬은 인도네시아 수도 자카르타에서도 꽤 멀어. 한국에서 내가 사는 부퉁 섬까지 오려면 꼬박 하루하고도 4시간이 더 걸린다고 하더라. 그 말은 내가 한국에 가려고 해도 그만큼 시간이 걸린다는 뜻이지. 그렇게 까마득히 먼 나라에서 무슨 일이냐고? 그러게. 이렇게 자그마한 섬이 요즘 저 멀리 떨어진 한국에서 들여온 문자 '한글' 때문에 좀 시끄러워.

 바로 얼마 전의 일이야. 갑자기 학교 선생님들이 '감사합니다', '안녕하세요', '사랑해요'처럼 태어나서 처음 들어 보는 말을 가르쳐 주셨지. 우리는 선생님이 가르쳐 주시는 대로 따라했어. 마치 앵무새가 주인 말을 따라하는 것처럼 말이야.

"감사합니다!"

"안녕하세요!"

"사랑해요!"

그땐 무슨 뜻인지도, 어느 나라 말인지도 모르고 무작정 따라했지. 선생님이 가르쳐 주시니까 그러려니 하고 따라했던 것 같아. 그러고는 얼

마 뒤 표지에 이상한 글자가 적힌 책을 주셨지. '바하사 찌아찌아'라는 제목의 책이었어.

"이 책은 앞으로 우리가 배울 새 교과서예요. 앞으로 이 책으로 찌아찌아 말을 배우고 익힐 거예요."

우리는 선생님이 하시는 말씀을 이해할 수 없었어. 그때까지 우리는 영어 알파벳을 이용해 인도네시아 공용어_{한 나라 안에서 공식적으로 쓰는 언어}를 쓰고 읽었거든. 그런데 난데없이 한글이라는 글자를 새롭게 배워야 한다니. 한글을 배워서 한글로 인도네시아 공용어를 쓰고 읽어야 한다지 뭐야. 나는 집에 돌아오자마자 울먹이며 아빠에게 말했어.

"아빠, 학교에서 이제부터 새로 글자를 배워야 한대요. 생전 처음 보는 이상한 글자 말이에요."

여기서 잠깐! 우리 아빠를 짧게 소개할게. 우리 아빠는 영어 선생님이셔. 언어를 가르치는 분이라 그런지 세계 여러 나라의 '언어'에 관심이 많으시지.

"카사타니아, 네가 본 이상한 글자는 한글이라는 거야. 시장님이 찌아찌아 말을

한글 교과서 바하사 찌아찌아

수업 시간에 한글을 공부하고 있는 찌아찌아족 아이들

표기 적어서 나타냄할 때는 영어 알파벳 대신에 한국에서 들여온 한글을 쓰겠다고 발표하셨거든. 이제 영어 알파벳 대신에 한글이 찌아찌아 문자가 될 거야."

"왜 시장님은 그런 말을 하신 거죠? 전 영어 알파벳을 읽고 쓰는 데 전혀 불편하지 않아요. 영어 공부할 때도 도움이 되고요. 더구나 새로운 글자는 생전 처음 보는 글자라, 배우려면 시간이 많이 들 게 뻔해요."

난 눈물이 다 찔끔 났어. 너희도 한번 입장을 바꿔서 생각해 봐. 어렸을 때부터 배우고 사용한 한글이 있는데 어느 날 갑자기 선생님이 '이제부터 한글 대신 일본어를 배워서 일본어로 우리나라 말을 표현하기로

해요.'라고 한다면? 차라리 제2외국어가 된다면 또 몰라도 말이야.

아빠는 이렇게 말씀하셨어.

"그래, 네 마음은 잘 알겠어. 아빠도 어려서 찌아찌아족의 말은 있는데 고유의 글자가 없다는 사실을 깨닫고는 큰 충격에 빠졌지."

"그게 무슨 말씀이세요?"

"아빠는 너 만할 때부터 언어에 관심이 많았단다. 그래서 어릴 때부터 영어 이외에 중국어나 일본어 같은 다른 나라 언어도 함께 공부했지. 그러면서 알게 되었어. 인도네시아는 크고 작은 섬나라로 이루어져 있어서 각 섬마다 다른 언어를 쓰는데, 그 많은 섬들의 언어 가운데 말은 있지만 글자가 없어서 언어까지 사라지는 경우도 있다는 사실 말이야. 그런 이유로 인도네시아 공용어가 생겼지만, 과연 그 공용어가 찌아찌아 부족의 말을 지켜 줄 수 있을까 하는 의문을 갖게 됐지. 지금도 우리는 영어의 영향을 많이 받아서 인사를 할 때도 '헬로우'라고 하잖니?"

난 속으로 살짝 찔렸어. 친구들과 대화할 때 찌아찌아 말과 영어를 자주 섞어서 말했거든. 그게 좀 더 멋져 보여서 말이야. 다들 그렇게 하니까 나도 잘못되었다는 생각은 하지도 않고 두 언어를 섞어 쓴 거지.

"카사타니아, 우리만의 글자가 없어서 찌아찌아족의 아름다운 말이 사라지면 되겠니? 만약 찌아찌아 부족의 아름다운 노래를 후손들에게 들려주지 못한다면? 할머니의 할머니의 할머니에게서 전해 내려온 아름다운 이야기들을 더는 듣지 못한다면? 생각만 해도 슬퍼지지 않니? 하

지만 글자가 있으면 그 모든 것을 기록해 책으로 남길 수 있단다."

아빠의 말씀을 듣고 난 고개를 끄덕였어. 할머니에게 들었던 옛날이야기들은 하나같이 모두 재미있었지. 그런 소중한 이야기들을 못 들을 수도 있다니 생각만 해도 마음이 아팠어.

"더구나 우리 조상들은 찌아찌아족 고유의 문화와 전통을 지키기 위해 노력을 아끼지 않으셨어. 그 덕분에 찌아찌아족은 우리 문화를 고스란히 지켜 냈단다. 예를 들어 포르투갈과 네덜란드의 침략을 막기 위해 둘레가 2.47km나 되는 '크레톤 요새'를 세운 것만 봐도 알 수 있지. 또 1542년 이 섬에 이슬람교가 들어온 후 즉위한 첫 술탄 이슬람 국가의 왕의 무덤도 마을이 내다보이는 곳에 아직도 그대로 있잖니. 그것들을 지켜 온 것처럼 찌아찌아족의 말을 지키기 위해서 '새로운 문자', '견고한 문자'가 필요한 거야. 시장님은 한국에서 들여온 한글이 그 일을 해 주리라 믿으신 거고. 아빠도 그 결정이 옳다고 생각해."

"하지만 알파벳으로는 그 일을 할 수 없는 건가요?"

나는 아빠의 생각에 충분히 공감했지만, 왜 꼭 한글이어야 하는지는 이해할 수 없었어. 알파벳으로도 충분히 읽고 쓰기를 할 수 있다고 생각했거든.

"안타깝게도 알파벳으로는 찌아찌아 말을 완벽하게 표현할 수 없단다. 아름다운 우리말을 글자 때문에 포기할 순 없지 않겠니? 그래서 찌

★ 카사타니아의 이야기 노트

한글에는 아름다운 고유어가 참 많아요. 어떤 말들이 있는지 알아볼까요?

날짜 세기

하루 이틀 사흘 나흘 닷새 엿새 이레 여드레 아흐레 열흘
열하루 열이틀 열사흘 열나흘 열닷새 열엿새 열이레 열여드레 열아흐레 스무날

달 이름

1월 해오름달	5월 푸른달	9월 열매달
2월 시샘달	6월 누리달	10월 하늘연달
3월 물오름달	7월 견우직녀달	11월 미틈달
4월 잎새달	8월 타오름달	12월 매듭달

한글 고유어

꼬리별 : 혜성	마루 : 하늘	샛바람 : 동풍
나래 : 날개	미르 : 용	아라 : 바다
나룻 : 수염	미리내 : 은하수	아리수 : 한강
높새바람 : 북동풍	별똥별 : 유성	아리아 : 요정
누리 : 세상	볼우물 : 보조개	하늬바람 : 서풍
라온제나 : 즐거운	붙박이별 : 북극성	한울 : 우주

아찌아 시장님은 한글을 들여오기로 하신 거란다. 한글은 어떤 소리도 다 표현할 수 있거든. 그러니까 알파벳보다 우리 찌아찌아족의 말을 더 완벽하게 후대에 전해 줄 문자인 셈이지. 네가 한글을 배워 보면 알게 될 텐데 아주 놀라운 문자란다. 장점이 무척 많지. 쉽게 배울 수 있을 뿐만 아니라 어떤 소리도 다 표현할 수 있고 인터넷을 활용할 때도 도움이 될 거야. 한국인들이 정보 기술 분야에서 세계 정상을 달릴 수 있는 가장 큰 이유가 '한글'이라면 믿겠니? 한글은 그만큼 정보를 쉽고 정확하게 전달할 수 있는 글자란다."

 **세종대왕이 발명한 세계 최고의 글자**

　설명을 마친 아빠가 책장에서 책 한 권을 찾아 보여 주셨어. 거기에는 낯선 옷차림을 하고 수염을 기른 노인이 있었지. 책을 펼치자 종이돈도 보였어. 아빠가 한국의 지폐인데 대략 10달러 정도 된다고 알려 주셨지.
　"아빠가 미국에서 공부할 때, 함께 방을 썼던 친구가 한국 사람이었단다. 그 친구 덕분에 한글을 알게 됐지. 그리고 바로 이 그림 속 주인공인 세종대왕도 알게 됐단다."
　아빠는 한국이 조선이라고 불리던 때의 이야기를 들려주셨어.

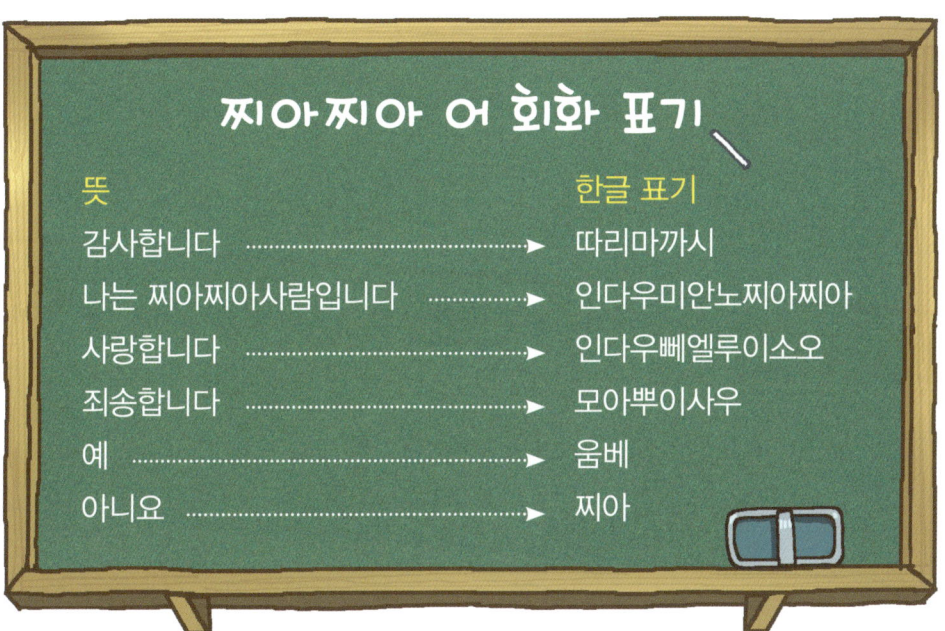

"그러니까 지금으로부터 약 600백 년 전쯤의 일이야. 한국이 조선이라고 불리던 때였어. 그때 조선은 지금의 찌아찌아족처럼 말은 있는데 고유의 글자가 없었단다. 그래서 이웃 나라 중국의 한자를 가져다 뜻과 음을 빌려 자신들의 문화를 어렵게 기록해야 했지. 그런데 남의 나라 글자를 가져와 쓰다 보니, 제대로 생각을 옮길 수 없었단다. 결국 나중에는 아예 중국의 한문을 배우고 익혔지. 그러다 보니 중국의 문화가 한국보다 더 좋고, 중국의 생각이 바르고 옳다는 생각을 하는 사람들이 늘어났어. 더구나 중국의 한자는 표의 문자_{언어의 음과 상관없이 일정한 뜻을 나타내는 문자}라 수천 개의 한자를 외워야만 사용할 수 있었단다. 시간이 지

날수록 자연스럽게 한자를 아는 사람과 모르는 사람으로 나뉘었고, 한자를 아는 사람들이 그렇지 못한 사람들을 다스리게 됐지. 그러자 백성들은 한자를 몰라서 억울한 일을 당하는 경우가 늘었단다. 세종대왕은 그러한 상황을 대단히 안타까워했지. 그래서 조선의 말에 맞는 고유의 글자를 개발하게 된 거였대. 그게 바로 한글이었지."

　아빠는 이야기를 마치고도 한동안 지폐 속의 세종대왕에게서 눈을 떼지 못하셨어. 나도 세종대왕을 물끄러미 바라보았단다.

"우와, 대단한 분이네요."

세종대왕의 초상화

"정말 대단한 왕이지! 영어의 알파벳이나 중국의 한자, 일본의 가타카나 히라가나 등 세계에는 수많은 문자들이 있단다. 하지만 그 문자를 만든 사람을 알 수 있는 건 한글이 유일해. 세종대왕이 만들었다는 사실이 역사책에 정확하게 기록되어 있고 '내가 백성을 사랑하는 마음으로 만들었으니 널리 쓰도록 하라'라고 밝힌 세종대왕의 말 역시 기록으로 남아 있단다."

세계를 담은 한글

아빠의 이야기를 듣고 나니 세종대왕이라는 분이 정말 대단하게 생각되더라. 그리고 찌아찌아 시장님이 왜 한글을 가져왔는지 조금은 알 것 같았어.

　"더 놀라운 것은 고유의 글자를 가진 이후 조선의 변화란다. 예전에는 중국의 어려운 한자를 공부한 사람들만이 역사를 기록할 수 있었는데, 한글이 생긴 후로는 누구나 쉽게 글자를 배워서 자신이 아는 것을 책으로 남길 수 있었지. 그러자 모든 분야의 학문이 고르게 발전하게 됐대. 우리 찌아찌아족의 아름다운 전설들도 그렇게 기록되어서 오랫동안 전해졌으면 좋겠어."

 한글에 푹 빠지다!

　아빠와 이야기를 하고 나자 난 '한글'을 받아들일 수 있었어. 바로 당장은 아니지만 아주 조금씩 한글을 배우는 재미에 빠졌지. 요즘은 학교를 마치고 집에 오면 한글 공책부터 펼칠 정도라니까.

　하지만 안타깝게도 '바하사 찌아찌아' 교과서가 충분하지 않아서 초등학교 4개 반이 몇 권씩 나눠 서로 돌려 봐야 했어. 나는 학교에서 필기한 공책을 보며 공부했지. 처음에는 낯설었지만 며칠 만에 어느 정도

한글 교과서로 수업을 하는 찌아찌아족 아이들

쓰고 읽을 수 있었어. 그렇게 금방 배울 줄이야! 자꾸 복습하면서 익히니까 꽤 편하게 쓸 수 있었어. 나는 내친김에 한국어도 배우기 시작했어. 나도 아빠를 닮아서 언어에 관심이 많거든. 사실은 한국 음악을 따라 부르고 싶은 이유가 제일 컸지만 말이야. 인도네시아의 수도 자카르타에서는 이미 한국 가수들의 인기가 하늘을 찌른대. 어떤 친구들은 용돈을 모아서 직접 한국 가수들의 공연을 보러 간다고 난리야.

한국어 공부를 열심히 한 덕분에 내 인기도 대단해. 수업이 끝나면 친구들이 내 주위로 우르르 모여들어. 그러고는 한국 가수들의 이름을 부르며 어떻게 쓰는지, 노래는 어떻게 부르는지 물어보느라 정신이 없어.

요즘은 텔레비전, 컴퓨터, 스마트 폰 등으로 언제나 쉽게 한국에 대해서 알 수 있지. 난 한국 사이트에 접속해서 한국 가수들의 정보를 알아 내 친구들에게 알려 주기도 해. 이제 한국이 남의 나라 같지 않아. 마치 이웃 섬인 것처럼 가깝게 느껴져. 실제로는 꼬박 하루 넘게 걸려서 가야 하는 먼 나라인데도 말이야.

어느 날부터인가 나한테 한 가지 꿈이 생겼어. 아빠와 함께 찌아찌아족의 옛날이야기를 수집해 책으로 쓰고 싶다는 꿈! 나는 벌써 주말마다 할머니들을 찾아다니며 옛날이야기를 들려 달라고 졸라. 그런 다음 그 이야기들을 열심히 글로 옮기고 있단다. 나뿐만 아니라 내 친구들도 비

숱한 일들을 하기 시작했어. 내 친구 라사미는 '린다'라는 찌아찌아 전통 춤을 잘 추는데 그 춤을 소개하는 홈페이지를 만들 생각이래.

아직 한글을 마음먹은대로 잘 쓰는 건 아니야. 아직 부족한 점이 많단다. 하지만 한글을 제대로 쓰게 되면 찌아찌아족의 문화유산을 더 많이 기록으로 남길 수 있겠지? 그리고 한국어 역시 능숙하게 돼서 한국 친구들과 더 자주 연락할 수 있게 되면 한국 친구들도 우리 부족의 아름다운 문화유산에 대해 관심을 보이지 않을까? 난 우리 찌아찌아족의 아름다운 문화유산을 오랜 세월이 흐른 뒤까지 고스란히 남기고 싶어!

나는 요즘 이웃집 와사리 씨에게 들은 망부석 이야기를 정리하느라 무척 바빠.

'머리카락이 키만큼 긴 여자가 연인을 기다리다 돌이 됐다.'

그런데 아빠가 내용을 읽어 보시더니 한국에도 이와 비슷한 이야기가 있다고 하시더라! 사랑하는 남편을 기다리다가 돌이 된 부인의 이야기라고 하던데 혹시 들어 본 적 있니? 난 찌아찌아족의 전설을 모아 책으로 완성하면 한국에도 소개할 생각이야. 한글로 되어 있을 테니 너희도 읽을 수 있겠지? 그때까지 조금만 기다려 주라, 알았지?

★ 카사타니아의 이야기 노트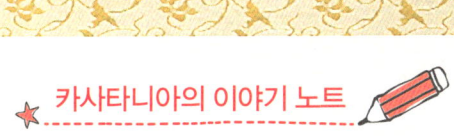

세계로 뻗어 나가는 자랑스러운 한국어

오늘날 세계 60여개 이상의 나라, 700개가 넘는 대학에서 한국어를 가르치고 있어. 또한 국제특허협력조약에서 10대 국제 공용어로 채택되기도 했지. 2012년 현재 한글은 미국, 호주, 일본, 프랑스, 브라질, 파라과이, 우즈베키스탄 등 7개국에서 제2외국어로 지정되었어.

그리고 바로 얼마 전 인도네시아 자카르타에 있는 고등학교 9곳이 한국어를 정규 과목으로 개설했대. 또한 미국에서도 뉴욕 시 최초로 일부 중학교에 한국어 정규 과정이 마련되었지. 그 학교에서는 매주 4시간씩 한국어 수업을 한다고 해.

한국 정부는 1990년대 말부터 한국어가 다른 나라의 제2외국어로 채택될 수 있도록 지원하고 있어. 수업을 하는 데 필요한 비용과 교재, 선생님뿐만 아니라 한국어 교육 과정을 개발하고 교육시키는 프로그램 등도 지원하지.

또한 한국어를 잘 모르는 재외동포나 외국인들을 위한 한국어능력시험인 토픽(TOPIK)을 확대하기 위해서도 노력하고 있어. 1999년 1회 시험 때만 해도 3000여 명에 못 미치는 사람들이 시험을 봤지만, 최근에는 거의 10만 명에 가까운 사람들이 시험을 치르고 있다니 정말 놀랍지 않니? 시험을 볼 수 있는 나라들도 점점 늘어나 지금은 거의 100여 개의 나라에서 시험이 실시된대.

한국 정부의 이러한 노력으로 현재 외국인 학생들이 한국으로 유학을 가는 경우가 늘었고, 한국 기업들 역시 외국으로 많이 나가고 있다니 한글의 힘이 대단하지?

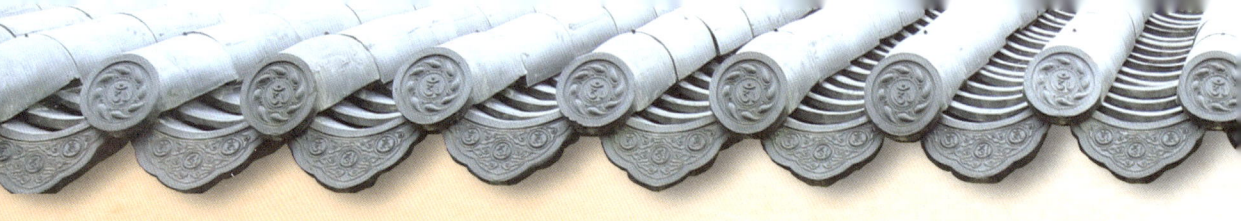

한글의 역사 한눈에 살펴보기

한글은 탄생부터 많은 반대에 부딪혔지만 반포되고 나서도 결코 쉽지 않은 길을 걸어왔어요. 지금 누구나 한글을 마음껏 사용하게 되기까지 여러 가지 사건들이 있었고 수많은 사람들의 노력이 있었답니다. 연표로 한번 살펴볼까요?

訓民正音

國之語音異乎中國與文字不相流通故愚民有所欲言而終不得伸其情者多矣予爲此憫然新制二十八字欲使人人易習便於日用矣

ㄱ牙音如君字初發聲

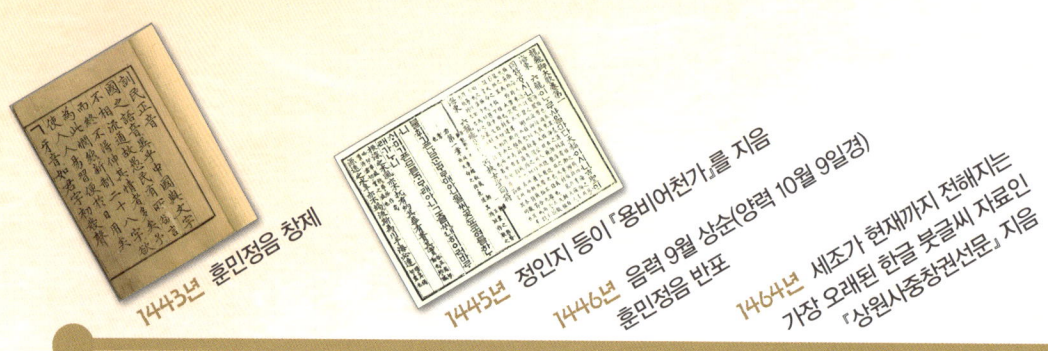

1443년 훈민정음 창제

1445년 정인지 등이 『용비어천가』를 지음

1446년 음력 9월 상순(양력 10월 9일경) 훈민정음 반포

1464년 세조가 현재까지 전해지는 가장 오래된 한글 붓글씨 자료인 『상원사중창권선문』 지음

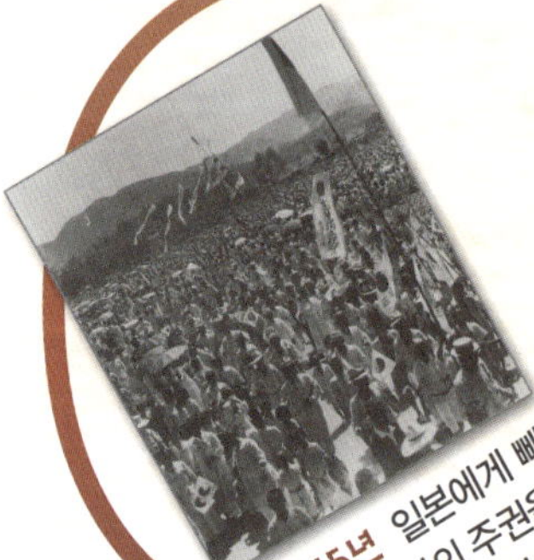

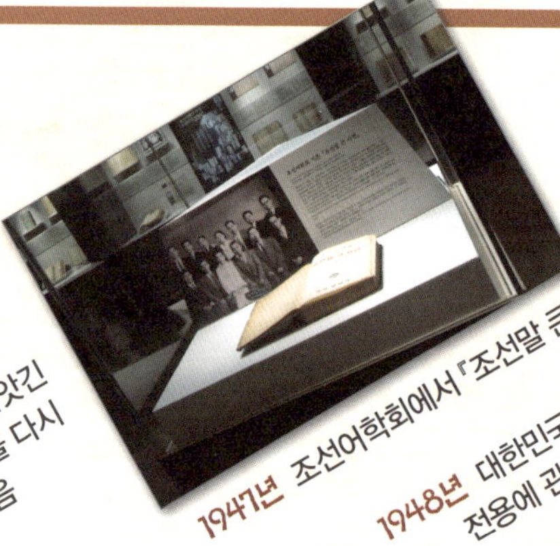

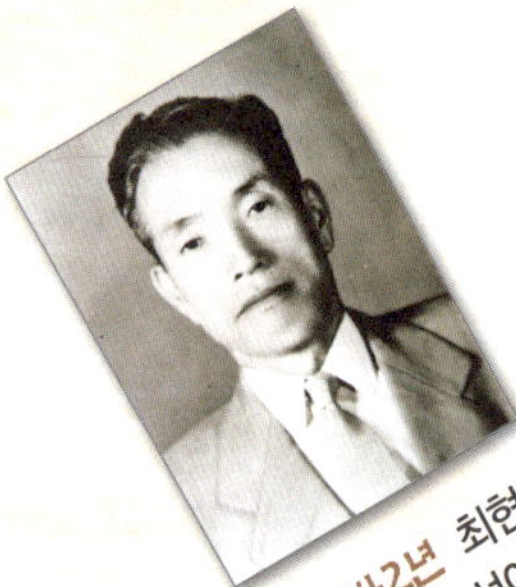

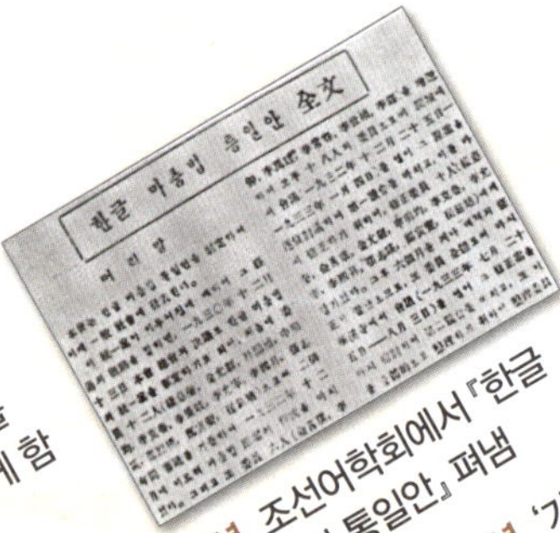

1928년 '가갸날'을 '한글날'로 바꿈

1933년 조선어학회에서 『한글 맞춤법 통일안』 펴냄

1938년 일본이 우리나라 학교에서 국어와 한글을 가르치지 못하게 함

1942년 최현배가 『한글갈』을 펴냄. 조선어학회 회원들이 재판에 불려 나감

1945년 일본에게 빼앗긴 나라의 주권을 다시 되찾음

1947년 조선어학회에서 『조선말 큰 사전』 첫 권을 펴냄

1948년 대한민국 정부 수립. '한글 전용에 관한 법률' 제정

1949년 조선어학회를 한글학회로 바꿈

1504년 연산군이 훈민정음을 탄압하고 관련된 책들을 불에 태움

1506년 훈민정음 창제를 위해 설치한 언문청 폐쇄

1527년 한글이 다시 사용되기 시작함

1750년 유희가 한글 연구서인 『언문지』 펴냄

1894년 고종 31년에 우리말을 '국어'라 하고 훈민정음을 '국문'으로 채택

1896년 최초의 한글 신문 《독립신문》 창간

1927년 조선어연구회 월간 잡지 《한글》 창간

1921년 조선어연구회(현 한글학회) 창립

1914년 최초의 한글 타자기인 '이원익' 5벌식 타자기'가 나옴

1910년 주시경이 『국어문법』을 펴냄

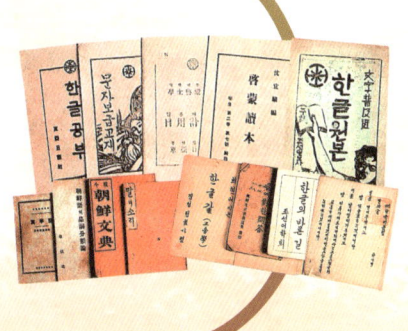

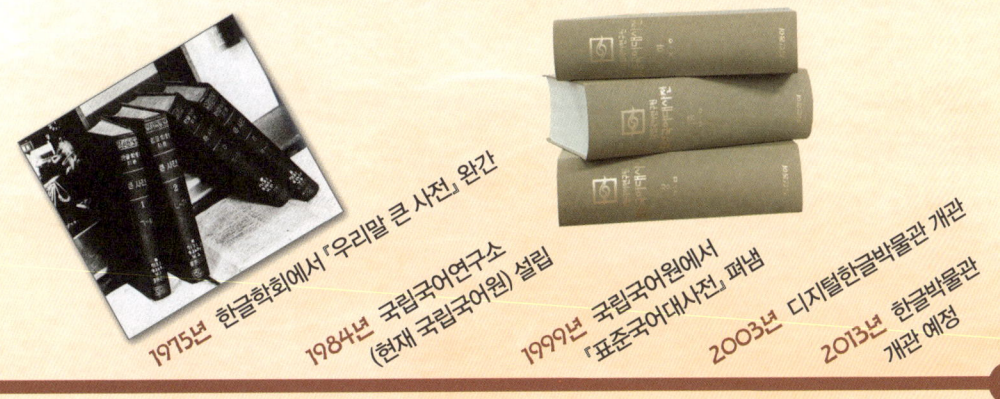

1975년 한글학회에서 『우리말 큰 사전』 완간

1984년 국립국어연구소 (현재 국립국어원) 설립

1999년 국립국어원에서 『표준국어대사전』 펴냄

2003년 디지털한글박물관 개관

2013년 한글박물관 개관 예정

위기에 빠진 언어를 구하라!

2009년 인도네시아의 찌아찌아족은 한글을 자기 부족 고유의 문자로 사용하기로 결정하였다. 이로써 한글은 세계화의 첫발을 내딛게 되었지만, 한글이 제대로 정착하기에는 많은 어려움이 있었다.

처음 찌아찌아족이 한글을 들여오기로 했을 때 모든 사람들이 찬성한 것은 아니었다. 그때까지 찌아찌아족은 자기들만의 고유 문자는 없었지만 인도네시아 정부에서 권장하는 공용어를 사용하는 중이었고, 영어 알파벳을 빌려 와 나름대로 읽고 쓰는 일에 큰 불편함이 없었다. 하지만 한글 사용이 결정되면서 주민들은 요상하고 낯선 글자를 다시 처음부터 하나하나 배워야 했다. 뿐만 아니라 한글을 들여오는 가장 큰 이유 가운데 하나인 부족의 말을 지켜 주는 일이 정말 가능할지 의심하는 사람들도 많았다.

그러나 한글이 점점 많이 알려지면서 글자의 우수성과 편리성이 부각되어 부정적인 의견은 줄어들기 시작하였다. 하지만 그와 함께 여러 가지 문제점들이 생겨났고, 지금까지 여전히 해결되지 않고 있다. 우선 한글을 가르칠 수 있는 교재와 선생님이 턱없이 모자라서 1년 이상 수업이 중단된 곳도 있다. 또한 인도네시아 정부에서는 찌아찌아족이 한글을 사용하는 일을 반기기보다 인도네시아 공용어를 사용하기를 계속해서 권장한다. 우리나라 정부나 여러 단체들 역시 처음에 약속했던 것과 달리 충분한 지원을 하지 못하고 있는 실정이다.

하지만 이러저러한 문제가 있음에도 불구하고 한글의 세계화는 계속해서 시도되고 있다. 볼리비아가 대표적인 예로, 2010년부터 볼리비아에 사는 인디오들의 고유어를

살려 줄 희망으로써 '한글'이 또 한 번 활약을 펼치기 시작하였다.
볼리비아는 남아메리카의 다민족 국가 가운데 하나로, 수많은 인디오 종족들이 한데 어우러져 사는 나라이다. 인도네시아와 마찬가지로 수많은 언어가 존재하지만 고유의 언어를 기록할 문자가 없어서 언어를 잃어버릴 위기에 처한 상황이었다. 그 동안 인디오들은 스페인어 글자를 빌려 와 자신들의 언어를 기록하는 데 사용했다. 하지만 스페인 어는 인디오들의 발음을 정확하게 표현하는 데 한계가 있어서 완벽하지 못했다. 그런데 한글은 스페인 어에 비해 훨씬 더 정확하게 인디오의 말을 기록할 수 있는 데다 쉽게 배울 수 있어서 하루가 다르게 많은 사람들의 주목을 끌며 환영을 받고 있다. 인도네시아의 경우와 마찬가지로 볼리비아에서 한글이 제대로 정착하기에는 많은 어려움이 뒤따를 것이다. 하지만 한글이 자신들만의 글자를 가지지 못한 나라에서 그 나라 고유의 언어를 살려 줄 수 있는 '희망의 언어'가 된 것만은 사실이다.
앞으로 한글이 세계의 인정을 받고 제대로 활용되기 위해서는 많은 곳에 사용할 가치가 있는 '과학적이고 유용한 문자'라는 점을 보다 더 정확하고 객관적으로 증명할 필요가 있다. 또한 꾸준한 지원과 관리가 계속해서 이루어져야 할 것이다. 하지만 이미 서로 다른 언어의 소리를 거의 다 표기할 수 있다는 점을 증명한 것만 보더라도 한글이 우수한 언어인 것만은 분명하다.

찌아찌아족이 사용하는 한글

우리의 한글이 다른 나라에서 사용된다니 정말 자랑스러워요. 대체 어떻게 사용되고 있는걸까요? 아래 찌아찌아족의 언어를 따라가다보면 무슨 뜻인지 알 수 있을 거예요!

2장
600년 전 조선에서 온 편지

 **한자는 어렵고 불편해!**

　안녕, 내 이름은 개똥이야. 뭐 그렇게 구린 이름이 있냐고? 옛날에는 개똥처럼 구르면서 오래오래 잘 살라고 '개똥', '쇠똥', '말똥' 같은 이름을 아이들에게 붙여 줬어. 그래야 귀신이 하찮은 줄 알고 데려가지 않는다고 말이야. 그땐 어린아이들이 질병에 걸려 쉽게 죽고는 했거든.

　구수한 이름을 보고 알아챘겠지만, 난 양반이 아닌 중인의 집에서 태어났단다. 그런데 내가 어릴적에 만났던 사람을 말하면 아마 깜짝 놀랄걸? 누구냐고? 너희한테만 살짝 알려 줄게. 바로 '이도'야. 이도가 누구냐고? 좀 서운한데, 그 유명한 이름을 모르다니 말이야. 이도는 '충녕'이나 '세종'으로 더 유명하지. 그래, 맞아. 난 세종대왕과 어릴 적에 이야기를 나눈 적이 있어. 어때, 놀랍지?

우리가 처음 만난 것은 이도가 예닐곱 살 때 몸이 아파 외가에 요양을 하러 왔을 때야. 가끔 그렇게 왕자들을 궐 밖에 내보내 또래와 어울리게 하기도 했다는데 뭐, 난 그런 교육법 같은 것은 잘 모르고……. 덕분에 나에게는 뜻밖의 친구가 생겼지.

나는 태어난 곳에서 그대로 자라, 보는 얼굴은 날마다 그 얼굴이요, 집은 고사하고 마을 밖을 제대로 나가 본 적도 없었지. 당연히 지체 높은 양반집 도련님과 어울려 본 적도 없었으니 설마 왕자님을 볼 줄이야 상상이나 했겠어? 그러다 보니 대단하게 차려 입은 사람들이 에워싸고 있는 이도에게 겁 없이 다가갔던 거야.

"이놈아, 물럿거라."

나는 호기심 가득한 눈으로 이도를 쳐다보았지만 어른들이 내 팔을 붙잡고 뒤로 끌어당기는 바람에 물러날 수밖에 없었어. 실망한 나는 쌩하니 돌아서려는데, 이도가 어른들을 헤치고 앞으로 나서더라.

"괜찮다. 난 저 아이와 이야기를 나눠 보고 싶구나."

그리고 이도가 나를 똑바로 쳐다보며 말했어.

"넌 어디 사는 누구냐? 나는 외가에 다니러 온 이도라고 한다."

얼핏 봐도 차림이 보통이 아니라서 살짝 기가 죽었지. 말끝이 절로 높여지더라고.

"에, 그러니까, 저는 감나무 골에 사는 배씨네 둘째 아들 개똥이라고 합니다요."

　내 신분을 알고도 이도는 나랑 놀겠다고 했어. 처음에는 자신이 왕자라고 밝히지도 않고 말이야. 그래서 나는 이도가 어느 양반댁 도련님이려니 생각하고 사정없이 까불었단다. 지금 다시 생각해 보면 심장이 벌렁벌렁해.

　이도가 왕자인 줄은 꿈에도 상상 못했던 나는 놀 줄 모르는 도련님을 데리고 산으로 들로 맘껏 돌아다녔어. 그러면서 풀, 나무, 꽃 이름 등을 알려 줬지. 풀각시막대기나 수수깡의 한쪽 끝을 꼬아서 만든 인형도 만들어 주고, 풀잎피리도 만들어 '필리리' 하고 부는 법도 알려 줬어.

　그러던 어느 날 난데없이 빗방울이 후두둑 떨어지지 뭐야.

　"이런, 어쩌면 좋으냐?"

　걱정을 하는 이도에게 내가 말했어.

　"걱정 마세요. 저 비는 금방 그칠 비예요. 이 바위 아래서 잠깐 비를 피하세요."

　그러고 있자니 앞산에서 번개가 번쩍 하지 뭐야. 이도는 깜짝 놀라 내 등 뒤로 숨었어.

　"놀라지 마세요. 저건 번개예요. 이제 곧 천둥이 칠 텐데, 겁먹을 필요 없답니다. 원래 번개랑 천둥은 실과 바늘처럼 붙어 다니는 단짝이거든요. 번개가 번쩍 하면 천둥이 우르릉 꽝! 하는 거랍니다."

내 말이 끝나기도 전에 천둥이 우르릉 쾅쾅했지. 이도는 놀란 눈으로 나를 보았어.

"너는 그런 것을 어찌 다 아느냐? 책에서 읽은 것이냐?"

"책이라고는 구경도 못해 본 걸요. 그냥 아는 거지요. 뭉게구름이 높게 뜨면 날씨가 맑고, 달무리가 지거나 제비가 낮게 날면 비가 오고, 번개가 잦은 여름이 지나면 가을에 대풍^{대풍년}이 들지요."

그때 갑자기 이도는 발치에 있던 나뭇가지를 하나 들고 흙바닥에 뭔가를 그리기 시작했어. 그것은 한자였는데, 나는 그때까지 서당 문 앞

에도 가 보지 못한 처지라 읽을 수가 없었지. 내가 입도 못 떼고 있으니까 이도가 한자의 뜻을 알려 주었어.

"이건 천동이라고 읽는다. 하늘 천, 움직일 동, 하늘이 움직인다는 뜻이야. 천둥이라고도 하지."

"그렇네요. 천둥이 치면 하늘이 흔들리며 요동을 치니까요!"

"그렇지. 너처럼 똑똑한 아이가 왜 글을 아직 모르느냐?"

이도가 고개를 갸웃거리며 물었지요.

"한자 말씀입니까? 그 어려운 것을 저 같은 놈이 어찌 배운단 말입니까? 아버지는 조금 더 크면 서당에 보내 주겠다고 하시지만 입에 풀칠이나 하는 형편에 글을 배워 무엇에 쓴답니까. 그런 것들이야 양반댁 도련님들이나 열심히 배울 일이지요."

내 말을 듣고 이도는 제가 쓴 글자를 한참 들여다보더라고. 그러더니 혼잣말로 이러는 거야.

"그러고 보니 이 글씨는 참 어렵게도 생겼구나."

"그러게요. 글을 쉽게 읽고 쓸 수 있으면 좋겠네요. 누구나 글을 알면 억울하게 벌을 받는 백성은 없을 텐데. 억울한 사정이 생기면 나라님께 아뢸 수 있으니까 억울한 옥살이는 않겠네요. 또 먼 데 사는 친척에게 쉽게 소식도 전하고 말이에요."

내 말을 듣더니 이도는 어려운 문제를 푼 것처럼 환하게 웃었지.

"그렇지! 읽고 쓰기 쉬운 글자가 있으면 그런 문제들이 없어지겠지?"
 나는 바로 이때부터 이도가 우리말에 어울리는 글자를 만들 계획을 세웠다고 믿어. 믿거나 말거나 증거는 없지만 말이야. 하하핫!

 우주의 원리를 담은 글자

 수년이 흘러 이도는 왕세자가 되었고 또 얼마 뒤에는 왕이 되었지. 그리고 나는 뒤늦게 공부를 해 어렵게 궁궐에 들어갈 수 있었어. 덕분에 이도(세종)가 한글을 만들어 내는 과정을 지켜볼 수 있었지. 너희도 지금부터 내가 하는 이야기를 잘 들어 봐!
 다 아는 사실이지만 세종은 아주 어려서부터 책 읽기를 즐겼어. 왕이 된 뒤로는 더 많은 책들을 보았지. 세종은 분야를 가리지 않고 폭넓은 독서를 했어. 또 어려운 문제가 생기면 우선 책을 읽어 답을 구했단다. 그렇게 지혜와 덕을 겸비한 세종은 나랏일을 하나하나 차근차근 풀어 나갔어.
 그런데 1428년 9월 27일, 세종의 마음을 뒤흔들어 놓은 큰 사건이 일어났지 뭐야. 진주의 김화라는 자가 자신의 아버지를 죽인 거야. '충'과 '효'를 중요하게 여기는 유교 국가였던 조선에서 결코 일어나서는 안 되는 일이 벌어진 것이지. 세종은 그 사건을 보고 자신이 왕으로서 백성을 제대로 가르치지 못했다고 괴로워했어. 이 문제를 해결하려고 세종은 수년에 걸려 효자와 충신의 이야기를 담은 『삼강행실도』를 만들어 배포 신문이나 책자 따위를 널리 나누어 줌 했지. 하지만 그림이 있더라도 글을 읽지 못하는 백성들에게 그 책은 무용지물 아무 쓸모가 없는 물건 이었어.

그즈음부터였어. 세종이 집현전에 드나들며 집현전 학자들(정인지, 최항, 박팽년, 신숙주, 이선로, 강희안, 성삼문, 이개 등)과 자주 대화를 나누고 토론을 벌이기 시작한 건. 그러더니 곧 성삼문, 신숙주 등을 명나라(중국)에 수차례 보내 언어에 관한 책을 구해 오게 했지. 명은 세계

여러 나라와 활발하게 교역 나라와 나라 사이에 물건을 사고파는 일을 했기 때문에 언어에 관련된 역사책이나 연구 자료가 많았거든.

"그래, 내가 찾던 것이 바로 이것이다!"

세종은 세계 여러 나라의 글자를 살피고 그 역사를 공부했어. 그러던 어느 날, 왕자와 공주들이 세종에게 문안을 드리러 왔을 때였어.

"마침 잘 왔구나. 거기들 앉아 내가 시키는 대로 해 보아라."

세종은 산더미 같은 종이를 내밀며 그들에게 읽게 했어. 세종은 지그시 눈을 감고 왕자가 글 읽는 소리를 듣다가 물었지.

"네가 글을 읽을 때, 입 어디에서 소리가 나느냐?"

"배가 울리고 목이 떨리며 입안에 소리가 고였다가 밖으로 나오는 것 같습니다."

"그렇다면 소리를 만드는 것은 어디 어디더냐?"

"배와 목과 입이 아니옵니까?"

"좀 더 자세히 말해 보아라."

"소리는 목에서 나와 입에서 완성된 후 입 밖으로 나오는 것 같습니다."

세종은 앞에 놓인 종이들을 살피더니 이번에는 공주에게 물었어.

"공주는 그 종이에 쓰인 글자들을 소리 내 읽어 보고 소리가 어떻게 만들어지는지 말해 보아라."

공주는 세종의 명에 따라 종이에 적힌 글자들을 읽고는 말했어.

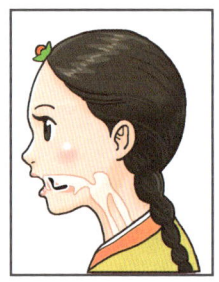  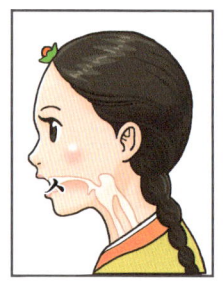 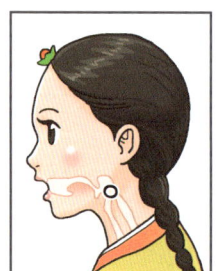

세종은 이처럼 소리에 따라 달라지는 발음 기관의 모양을 본떠 훈민정음을 만들었다.

"어떤 소리들은 혀끝에서 나고, 어떤 소리는 혀와 목구멍이 만나는 곳에서 나는 듯하며, 어떤 소리는 입술이 만듭니다. 또 어떤 소리는 목구멍 안에서 나는 것 같고 어떤 것은 이를 헤치고 나오는 것 같습니다."

세종은 공주의 말에 대단히 기뻐했어.

"옳지, 옳지! 내 생각도 그러하다. 소리는 모두 다르지만 원리는 몇 가지면 충분하더란 말이지. 뒤 혓소리, 앞 혓소리, 입술소리, 잇소리, 목구멍소리로 대부분 나뉘더란 말이다. 너희는 내일 이 시간에 나를 다시 찾아오도록 하여라."

그날 이후 세종은 왕자와 공주들을 불러 자주 다과를 베풀며 즐거운 시간을 가졌어. 사실 그 시간은 세종이 왕자와 공주들을 데리고 한글을 만드는 실험 시간인 셈이었지. 세종은 화원그림을 그리는 사람을 불러 공주와 왕자의 입 모양을 그리게 하고, 의원을 불러 그러한 소리가 나올 때의 발음 기관몸에서 소리를 내는 데 사용되는 부분의 모양에 대한 조언을 얻기도 했지. 그렇게 연구의 연구를 거듭하여 세종은 마침내 우리말의 공통된 몇 가지 소리를 찾아낼 수 있었어.

닿소리(자음)의 발성 원리

- **어금닛소리** 뒤 헛소리
  혀의 뒷부분이 'ㄱ' 모양으로 목젖 부분에 붙으며 소리가 갇혔다 터져 나오는 소리. 그 모양을 본떠 'ㄱ'을 만듦.

- **혓소리** 앞 헛소리
  혀의 모양이 'ㄴ' 모양이 되면서 윗니 앞부분에 혀가 닿으며 만들어지는 소리. 그 모양을 본떠 'ㄴ'을 만듦.

- **입술소리**
  입술 모양에 따라 달라지는 소리로, 발음을 할 때의 입술 모양을 바탕으로 'ㅁ'을 만듦.

- **잇소리**
  이와 이 사이에서 혀가 닿을 때 만들어지는 소리. 그 모양을 본떠 'ㅅ'을 만듦.

- **목구멍소리**
  이나 혀의 영향을 받지 않고 목구멍에서 만들어지는 소리. 목구멍이 동그랗게 될 때를 본떠 'ㅇ'을 만듦.

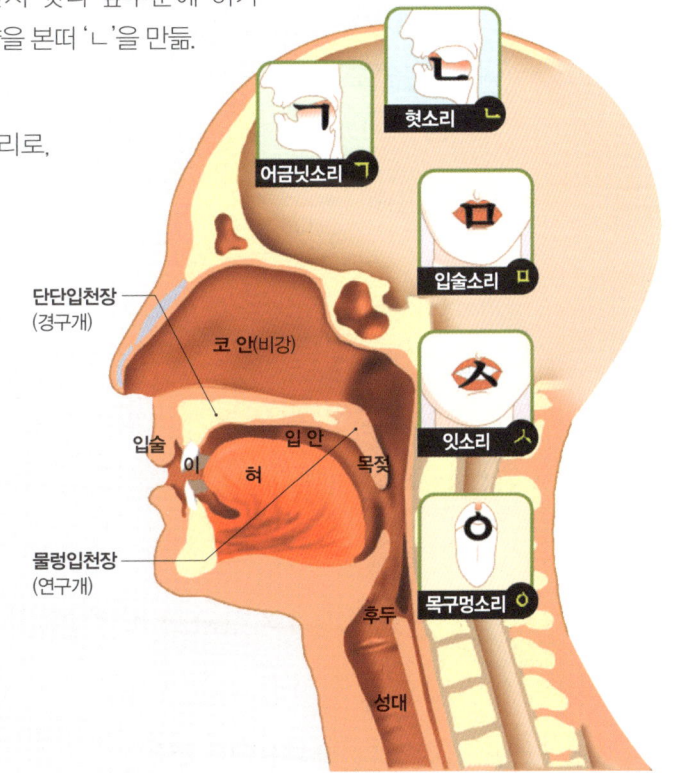

600년 전 조선에서 온 편지

세종이 처음으로 만든 닿소리는 5가지 경우의 발성 원리를 바탕으로 그 모양을 본뜬 일종의 상형 문자였어. 세종은 이 5개의 기본 닿소리와 비슷한 소리를 찾은 다음 그 글자들에 획을 더하는 방식으로 글자를 만들었어. 즉, 획을 더하였다 해서 '가획의 원리'로 만든 글자라고도 해.

가획의 원리로 만들어진 닿소리

- 어금닛소리
  ㄱ → ㅋ
- 혓소리
  ㄴ → ㄷ → ㅌ
- 입술소리
  ㅁ → ㅂ → ㅍ
- 잇소리
  ㅅ → ㅈ → ㅊ
- 목구멍소리
  ㅇ → (ㆆ) → ㅎ

세종은 닿소리를 겹치거나 합쳐서 글자들을 만들기도 했어. 같은 글자를 겹쳐 쓴 것은 초성 처음 소리인 자음. '문'에서 'ㅁ'에만 쓰고, 훗날 서로 다른 글자들의 조합은 종성 마지막 소리인 자음. '문'에서 'ㄴ'에서만 썼지.

세종은 그때까지의 성과를 가지고 집현전 학자들과 논의를 했어. 집현전 학자들은 대부분

- 같은 자를 겹쳐 만든 닿소리
  ㄲ ㄸ ㅃ ㅆ ㅉ

세종과 뜻을 같이 하여 우리말에 알맞은 글자를 갖는 것에 찬성하였지. 뿐만아니라 이미 세종이 이뤄 놓은 결과를 보고 너무 놀라 입을 다물지 못했단다.

"놀라워하지 마시오. 사실 이것은 이제껏 그대들이 나에게 제공한 자료를 바탕으로 왕실이 힘을 조금 보태어 정리를 한 것뿐이오. 그런데다 내가 풀지 못한 문제가 있으니 이 부분부터는 그대들이 힘을 모아 주기 바라오."

우리말에 알맞은 우리 글자를 갖다니! 집현전 학자들은 모두 놀라고 당황했어. 그들은 어렸을 때부터 모두 한자를 익히고 한자로 된 한문 서적들을 공부하여 그 자리에 오른 사람들이었으니까 말이야. 더구나 명나라의 간섭을 적잖게 받고 있는 상황에서 우리가 우리말에 맞는 글자를 가지려는 게 알려지면 안 좋은 일이 생길까봐 걱정하고 반대하는 신하도 있었어. 하지만 대부분의 집현전 학자들은 왕을 믿고 따라가 보기로 했단다.

"전국 팔도의 말소리를 두루 모아 살펴보니 공통된 소리가 있었고, 그 원리는 소리가 나는 발성 원리에 있다고 보았소. 그래서 혀, 입, 성대, 이와 혀 등의 모양을 연구하여 기본 닿소리를 만들었지. 하지만 중요한 것은 닿소리의 경우 혼자서는 말소리가 되지 않는다는 것이야. 말은 닿소리와 닿소리를 연결하는 어떤 소리를 필요로 한다오. 이것은 외국어에도 비슷하게 존재하는데 대략 이런 소리라오. 아, 에, 이, 오, 우."

왕의 고민을 들은 집현전 학자들 가운데 특히 명나라를 여러 번 다녀오며 언어학에 능통하게 된 성삼문이 말했지.

"닿소리가 발음 기관의 모양을 본떠 만든 글자라면, 닿소리와 닿소리를 이어 주는 글자에는 세상의 원리를 담아 보시는 것이 어떠신지요?"

성삼문의 말에 신숙주도 힘을 보탰어. 그도 눈을 반짝이며 말했지.

"좋은 생각인 줄 아룁니다. 세상을 담고 음양의 조화를 담고 또 오행을 담아 보면 어떨까요?"

세종은 성삼문과 신숙주의 말에 탄복하였어.

"좋소. 그렇다면 그대들이 나를 도와주시겠소?"

세종은 여러 생각들을 모아 집현전 학자들과 함께 홀소리도 만들어 냈지. 세종은 생각했어.

'어린아이도 쉽게 글자의 원리를 깨치게 하려면 어찌 해야 할까? 어디를 둘러보아도 보이는 것으로 글자를 만들면? 과연 그런 것들에 무엇이 있을까?'

고민하며 정원을 걷던 세종의 눈에 들어온 것은 푸른 하늘, 평평한 정원 그리고 그 위의 사람이었어.

"옳거니, 바로 저것이다!"

세종은 당장 집현전으로 달려가 신숙주와 성삼문에게 상의를 하였지.

그렇게 하여 만들어진 글자가 바로 천, 지, 인이야.

홀소리의 기본 글자

- 천   ·   (하늘)
- 지   ㅡ   (땅)
- 인   ㅣ   (사람)

신숙주와 성삼문 그리고 집현전의 학자들은 이것들을 조합하여 여러 개의 홀소리를 만들었어.

홀소리의 원리

• 천지인의 기본 조합

・ + ㅡ = ㅗ ⋯→ ㅗ
・ + ㅣ = ㅓ ⋯→ ㅓ
ㅣ + ・ = ㅏ ⋯→ ㅏ
ㅡ + ・ = ㅜ ⋯→ ㅜ

• 기본 글자의 재결합

ㅗ + ・ = ㅛ ⋯→ ㅛ
ㅓ + ・ = ㅕ ⋯→ ㅕ
ㅏ + ・ = ㅑ ⋯→ ㅑ
ㅜ + ・ = ㅠ ⋯→ ㅠ

　세종이 만들어 낸 닿소리 다섯 글자는 집현전 학자들에 의해 오행의 원리가 담겨 정리되었어. 그리고 홀소리의 경우 집현전 학자들은 음양의 조화를 바탕으로 튀어나온 것이 있으면 들어간 것도 있고 솟은 것이 있으면 꺼진 것도 있게 했어. 이렇게 해서 훈민정음 28자에는 세상의 원리와 오행의 원리, 음양의 조화가 고루 담기게 된 거야.

닿소리에 담겨 있는 오행 사상

오행이란 우주 만물을 이루는 다섯 가지 원소로 금金, 수水, 목木, 화火, 토土를 말해. 동양철학에서는 오행이 만물을 생겨나게 하고 온갖 물건의 모양을 변화시키는 힘이라 생각하지.

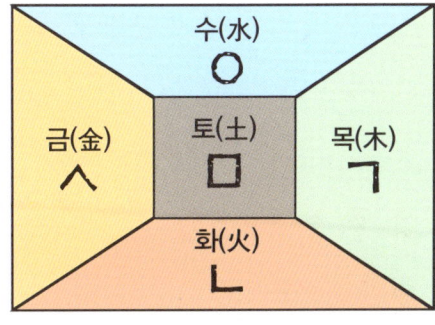

홀소리의 음양 사상

홀소리의 기본 글자에서 선의 위쪽이나 오른쪽에 점이 찍히면 밝고 따뜻한 양의 기운을, 아래쪽이나 왼쪽에 점이 찍히면 어둡고 차가운 음의 기운을 나타내.

- 양의 기운
  ㅏ ㅑ ㅗ ㅛ

- 음의 기운
  ㅓ ㅕ ㅜ ㅠ

　세종과 집현전 학자들은 다시 고민에 빠졌어. 이 글자들이 과연 모든 소리를 다 표현해 낼 수 있을까? 세종은 처음부터 시작하는 소리와 중간에 연결하는 소리 그리고 마무리하는 소리가 한 음절을 이룬다는 원칙을 세우고 닿소리와 홀소리를 만들었어. 그렇기 때문에 닿소리와 홀소리가 실제로 합해지자 그것들은 정말 훌륭한 역할을 해냈어. 세상의 거의 모든 소리를 다 표현해 낼 수 있었거든.

초, 중, 종성의 조합

❶ 음을 초성과 중성, 종성으로 나눈다.
❷ 초성과 중성을 구분하여 초성은 닿소리를, 중성은 홀소리로 구분하여 쓴다.
❸ 종성은 따로 만들지 않고 초성을 같이 쓴다.

초성(닿소리)	중성(홀소리)	종성(닿소리)	
ㅎ +	ㅏ +	ㄴ =	한
ㄱ +	ㅡ +	ㄹ =	글

한글을 완성한 세종은 얼른 이것을 백성들에게 보이고 싶었어. 하지만 집현전 학자들은 곧바로 세상에 내놓는 것을 걱정했지. 그들은 훈민정음뿐만 아니라 훈민정음의 사용법을 알려 주는 『훈민정음 해례본』까지 만들어 놓고도 백성들에게 알리는 일을 주저하고 있었어.

 ## 태산 같은 반대도 이겨 낸 백성에 대한 사랑

1443년 12월 세종실록에는 다음과 같이 적혀 있어.

> 이달에 상감께서 언문 스물여덟 자를 친히 만드셨다.
> 그 글자는 옛 글자를 본받았다. 초성, 중성, 종성으로 나뉘는데
> 이것이 합쳐서 글자를 이룬다. 우리나라의 모든 말을 이 글자로 다
> 기록할 수 있다. 비록 글자가 간결하지만 돌려서 쓰기가 무궁무진하다.
> 이 글자를 '훈민정음'이라고 한다.

마침내 세종의 훈민정음이 세상에 드러난 거야. 그러자 최만리, 김문, 정찬손을 비롯한 몇몇 집현전 학자들이 '훈민정음 반포'에 반대한다며 상소_{임금에게 글을 올리던 일 또는 그 글을 말함}를 올렸어.

> 역대 임금에 거스름이 없고 중국에 부끄럼이 없어서
> 백 년 뒤에 성인이 나온다 하더라도 의혹이 없은 연후에
> 시행해야 할 것이온데 널리 대중과 의논하지 아니하고
> 이배(관청에서 나랏일을 보는 사람) 수십 명을 모아
> 가르쳐 익히게 하고 온 천하에 반포하려 하시니
> 후세 사람들의 공론과 논의가 어떠하겠습니까?

훈민정음 반포에 반대하는 학자들의 입장은 확고[태도가 분명함]했어. 그들은 다음과 같은 논리로 반대를 했단다.

첫째, 중국의 한자는 오랜 역사를 가지고 있고 훌륭한 문화를 이끌어 온 글자로 이미 그 가치가 인정된 문자다. 따라서 훈민정음과 같은 검증되지 않은 글자와 비교할 수 없다.

둘째, 형님의 나라인 중국의 한자를 버리고 동생의 나라 조선이 자신의 글자를 만들어 쓰는 것은 예의에 어긋난 행동이며 이는 명의 화를 살 것이다.

셋째, 세계의 중심인 중국의 한자를 버리고 자신의 글자를 갖는 것은 스스로가 오랑캐인 것을 인정하는 짓이다.

넷째, 이두[한자의 음과 뜻을 빌려 우리말을 표현한 것]로 충분히 우리말을 표현할 수가 있고 이를 통해 백성들이 필요한

서울 종로구 광화문 광장에 세워져 있는 세종대왕 동상.

세종대왕

> 한자를 익혀 쓰므로 굳이 훈민정음과 같은 문자가 필요하지 않다.
> 만약 이두를 쓰지 않게 되면 기본적인 한자도 익히지 않게 되어 백성과의 소통이 더욱 어려워질 것이다.
> 다섯째, 백성이 문자를 자유롭게 다루면 정책을 펼치기 어렵게 되고 통제가 불가하여 나라의 기틀이 흔들릴 것이다.

세종은 몹시 화가 났지. 신하들의 말을 듣고 있자니 그들이 조선의 신하인지, 명나라의 신하인지를 알 수 없었던 거야. 그들은 명나라 사람처럼 굴며 명의 눈치만 살폈고, 조선 백성들의 어려움을 살피기는커녕, 백성들을 어떻게 무지몽매_{아는 것이 없고 생각이 어두움}하게 만들어 마음껏 주무를 수 있을까를 고민하고 있었지.

하지만 세종은 그들과 싸우고 싶지 않았어. 중요한 것은 그들을 이기는 것이 아니라 한글을 널리 알려 백성들이 겪은 그간의 어려움을 하루빨리 없애는 것이었으니까 말이야. 그래서 신하들을 설득했지.

"한자의 음을 빌려 온 이두도 결국은 우리 말소리를 그대로 따라한 것이 아니오? 왜 이두가 오늘까지 쓰이는 것이오? 그것은 중국의 한자가 우리의 말과 달라 불편함이 크고 우리말을 그대로 적는 것이 훨씬 편리하기 때문이 아니오? 훈민정음으로 우리말을 훌륭하게 펼칠 수 있다면 굳이 어려운 한자를 배울 이유가 없을 것이오. 결국 이두를 보급_{널리 펴}

<u>뜨림</u>한 것이 백성을 위한 것이라면 훈민정음을 보급하는 것도 백성을 위한 것이 아니오? 나는 『삼강행실도』와 같은 좋은 뜻의 책을 쉬운 훈민정음으로 고쳐 낼 것이오. 그리하여 모든 백성들을 인과 덕으로 이끌며 충과 효의 미덕을 따르게 할 테요."

그럼에도 뜻을 굽히지 않은 학자들은 모두 감옥에 갇혔어. 너그럽게 설득하려 했던 세종은 그들을 설득하는 것보다 백성들에게 훈민정음을 알리는 것이 훨씬 중요하다고 생각했거든. 감옥에서 반성의 시간을 보내고 나온 뒤에도 몇몇 학자들은 계속하여 훈민정음을 '언문<u>점잖지 못하고 상스러운 말</u>'이라 말하며 천대했어.

하지만 십 수 년에 걸쳐 어렵게 만든 훈민정음을 백성에게 보이지도 못하고 뜻을 접을 세종도 아니었어. 세종은 당장 궁궐 안 궁녀들과 내관들에게 훈민정음을 사용하게 하였어. 그들은 글자를 쉽게 배웠고 자신들의 생각을 글로도 적었지. 궁녀들은 훈민정음으로 그날의 일기를 적기도 하고 편지도 주고받을 수 있게 되었어. 또 수라간에서는 요리하는 법을 훈민정음으로 기록하고, 약방에서는 약을 짓는 법을 훈민정음으로 적어 남기게 됐지. 3년의 실험 끝에 자신을 얻은 세종은 드디어 1446년 9월 백성들에게 훈민정음을 알리기로 했어. 정인지, 신숙주, 성삼문, 최항, 박팽년, 강희안, 이개, 이선로와 같은 집현전 학자들은 훈민정음을 설명하는 책을 따로 만들었어. 그 책이 바로 『훈민정음 해례본』이야.

> 우리나라 말이 중국과 달라 말과 글이 서로 맞지 않으니
> 이 때문에 어리석은 백성이 말하고자 하는 것이 있어도
> 그러지 못하는 사람이 많다.
> 내 이를 불쌍히 여겨 새로 스물여덟 글자를 만들었으니
> 모든 사람마다 이것을 쉽게 익혀 편히 사용하고자 할 따름이니라.

세종은 훈민정음 해례본 첫 장에 이와 같이 자신의 생각을 밝혔어. 그리고 집현전 학자들로 하여금 우리나라의 한자음을 새로운 체계로 정

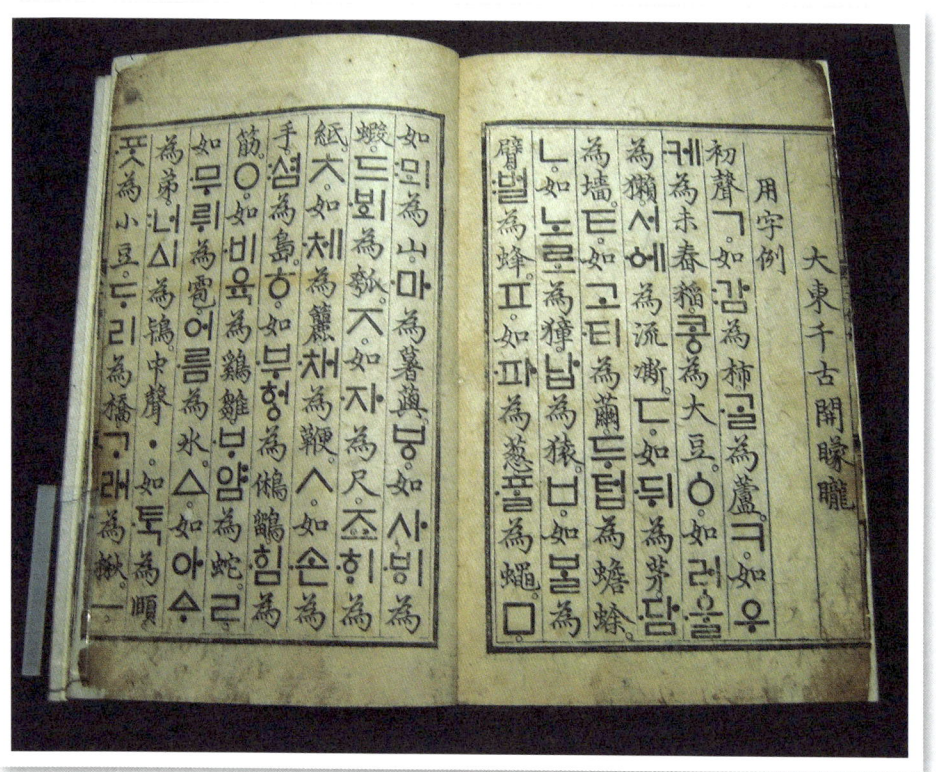

▲ 훈민정음 해례본

리한 『동국정운』을 펴내게 하였지. 또 훈민정음을 널리 알리기 위해 정음청이라는 관아를 세워 책을 만들고 인쇄를 했지. 몇몇 신하들의 거센 반대도 세종이 백성들을 사랑하고 아끼는 마음으로 만든 훈민정음을 역사 저편으로 묻어 버리지는 못한 거야.

 ## 훈민정음이 바꾼 백성들의 삶

우리나라의 인쇄술은 일찍이 고려 시대 때부터 무척 뛰어났어. 고려의 금속활자는 인쇄술의 아버지로 불리는 구텐베르크 때보다 무려 300년이나 앞서 있었지. 이웃나라 일본은 전쟁을 일으킬 때마다 우리나라의 장인들을 데려갔는데, 가장 많이 붙잡아 간 사람들이 바로 인쇄 기술을 가진 장인들이었대.

　우리나라는 고도로 발달한 인쇄 기술을 가졌지만, 책을 펴낼 때마다 한자 틀을 일일이 만들어야 했지. 그런데 훈민정음이 나온 뒤로 인쇄술은 급속히 발전할 수 있었어. 세종은 인쇄를 할 것도 미리 염두에 두어 글자 하나하나가 사각형의 틀에 쏙 들어가게 개발하였거든. 그리고 이천, 장영실 같은 과학자에게 훈민정음으로 책을 인쇄할 수 있도록 미리

한글 금속활자. 조선 시대의 한글 사용을 보여 주는 중요한 자료이다.

준비하게 했어.

　훈민정음은 인쇄를 할 때도 훨씬 편리했어. 글자들을 합해서 찍기만 하면 됐으니 말이야. 마침내 세종은 자신의 뜻대로 백성들에게 도움이 될 만한 한문 책들을 훈민정음으로 다시 펴내는 편찬 사업을 펼쳤지.

　이로 인해 백성들의 삶은 어떻게 변했을까? 훈민정음을 익힌 백성들은 나라에서 무슨 일을 하겠다고 소식을 전하는 포고문을 읽을 수 있게 되었어. 예전에는 한자든 이두든 도통 읽을 수가 없었는데 말이야.

　그리고 백성들은 법도 이해하게 되었어. 글을 몰라서 법을 어기는 일이 점점 줄어들었지. 또 양반에게 속아 재산을 뺏기거나 억울한 일을 당했을 때도 눈물만 흘리는 일이 줄어들었어. 당당히 글로 써서 관청에 알리고, 원한다면 나랏님께도 고할 수 있게 된 거야. 멀리 떨어진 친척

조선왕조실록

에게 편지를 써서 소식을 전할 수도 있었고, 자신의 생각을 책으로 써서 남길 수도 있게 되었지.

하지만 이 놀라운 변화를 세종은 미처 다 보지 못하고 세상을 떠났어. 세종이 숨을 거두던 날의 모습이 실록에는 이렇게 적혀 있지.

> 임금은 슬기롭고 도리에 밝으매, 마음이 밝고, 뛰어나게 지혜롭고 인자하고 효성이 지극하며, 용감하게 결단하며, 신하를 부리기를 예도로써 하고, 간하는 말을 어기지 않았으며, 대국을 섬기기를 정성으로써 하였고, 이웃나라 사귀기를 신의로써 하였다.
> 인륜에 밝았고 모든 사물에 자상하니 남쪽과 북녘이 복종하여 나라 안이 편안하여 백성이 살아가기를 즐겨한 지 무릇 30여 년이다. 거룩한 덕이 높고 높으매 사람들이 이름을 짓지 못하여 당시에 해동요순이라 불렀다. 느지막이 불사로써 혹 말하는 사람이 있으나 한 번도 향을 올리거나 부처에게 말한 적은 없고 처음부터 끝까지 올바르기만 하였다.

만약 세종이 한글을 만들겠다고 마음먹지 않았다면, 만약 세종이 십 수 년의 세월이 걸려 한글을 완성하지 못했다면? 또 만약 세종이 최만리와 같은 학자들의 반대에 뜻을 굽혔다면? 만약 세종이 인쇄술을 발달시켜 한글로 쓰인 책을 빨리 보급하지 않았다면 어땠을까? 아마도 여전히 한자나 영어, 히라가나, 가타가나 같은 이웃 나라의 문자를 빌려 공부해야 했을 거야. 아니면 우리말이 아닌 다른 나라의 말이 국어가 됐을 수도 있지. 더구나 『홍길동전』이나 『춘향전』, 『양반전』, 『호질』 같은 훌륭한 한글 작품들도 만날 수 없었을 거야. 또 오늘날까지 신분제 사회에서 살았을지도 모를 일이지.

문득 어린 시절 천둥 치던 날이 떠오르는구나. 그날 어린 이도가 글자를 뚫어지게 보던 기억이 새록새록 떠올라. 한글 속에는 백성을 지극하게 사랑하는 왕의 마음이 담겨 있어. 나는 너희가 한글의 과학성을 말하기 전에 그 안에 깔린 세종대왕의 애민 정신백성을 사랑하는 마음을 읽어 주길 바란단다.

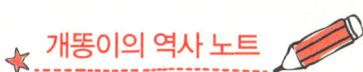 개똥이의 역사 노트

한글날은 왜 공휴일이 아닐까요?

국경일은 나라의 경사를 기념하기 위해 국가에서 법률로 정한 경축일_{경사스러운 일을 기뻐하고 즐거워하는 날}이에요. 우리나라 국경일에는 삼일절, 제헌절, 광복절, 개천절, 한글날이 있어요.

삼일절은 1919년 3월 1일에 있었던 삼일 운동_{일본의 강제적인 식민지 정책으로부터 우리 힘으로 직접 벗어나기 위해 일으킨 민족 독립운동}을 기념하는 날이에요. 매년 3월 1일로 공휴일이지요. 제헌절은 우리나라의 헌법을 제정·공포한 것을 기념하는 날로, 매년 7월 17일이에요. 광복절은 1945년 일본에게 빼앗겼던 우리나라의 주권을 되찾은 걸 기념하는 날이에요. 매년 8월 15일로 공휴일이랍니다.
개천절은 기원전 2333년 단군이 우리나라를 세운 것을 기념하는 날이에요. 매년 10월 3일로 공휴일이지요. 한글날은 세종 대왕이 훈민정음을 창제하고 반포한 걸 기념하는 날이에요. 한글을 보급하고 연구하는 일을 장려하기 위한 날이기도 하지요. 매년 10월 9일이에요.

국경일은 대부분 공휴일이지만 꼭 그럴 필요는 없답니다. 우리나라 5개 국경일 가운데 제헌절과 한글날은 공휴일이 아니에요. 처음 지정되었을 때만 해도 모두 공휴일이었지만, 쉬는 날이 많아 경제 발전에 방해가 된다는 이유로 쉬지 않게 되었어요. 하지만 시간이 흐를수록 두 국경일은 문화적·역사적 의미가 크기 때문에 공휴일로 지정해 사람들이 그 뜻을 기념할 수 있게 해야 한다는 주장이 늘고 있답니다.

세종대왕의 빛나는 업적

'성군' 또는 '대왕'이라고 불리는 세종대왕은 이순신 장군과 더불어 우리 역사에서 가장 존경받는 인물이에요. 세종대왕의 주변에는 인재들도 많았답니다. 세종대왕과 주변의 인물들이 함께 만든 업적에는 무엇이 있는지 알아봐요.

한글 창제

세종대왕은 한자가 너무 어려워 자신의 뜻을 표현하지 못해 억울한 일을 당하는 백성들을 가엽게 여겼어요. 그래서 집현전 학자들과 함께 오랫동안 연구한 끝에 훈민정음을 만들었지요. 그 당시 대부분의 지식인들은 '새 문자를 만드는 것은 오랑캐나 하는 짓'이라며 크게 반대했지만 세종대왕은 백성들을 아끼는 마음을 끝까지 포기하지 않았답니다. 한글은 세계에서 유일하게 만든 사람과 반포일, 창제 원리까지 알려진 문자예요.

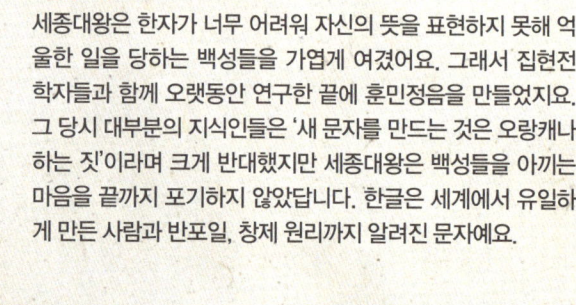

음악

세종대왕은 음악에도 관심이 많아 음악을 전담하는 기구를 설치했어요. 그리고 당시 관료였던 박연의 음악적 재능을 알아보고, 그가 조선의 음악을 연구해 재정비할 수 있도록 뒷받침해 주었지요. 박연은 당시 불안전하던 악기 조율 정리, 악보 편찬, 궁중 음악 정리 등 국악의 기틀과 체계를 마련했답니다.

농업의 발전

세종대왕 이전에는 농사를 지을 때 중국의 농사법을 많이 따라했어요. 하지만 중국의 기후와 풍토(날씨와 토지의 상태)는 우리나라와 무척 달랐답니다. 그래서 세종대왕은 학자들을 시켜 각 지역에서 농사를 짓는 농부들의 경험을 모으게 했어요. 그런 다음 우리나라에 딱 맞는 새로운 농사법을 담은 책 『농사직설』을 펴냈지요.

영토 확장

세종대왕은 우리나라 백성들을 괴롭혔던 여진족을 몰아내기 위해 '4군 6진'이라는 행정 구역을 만들었어요. 그 결과 우리나라의 국경이 압록강과 두만강까지 넓혀져 고구려 시절의 옛 영토를 일부나마 찾을 수 있었지요.

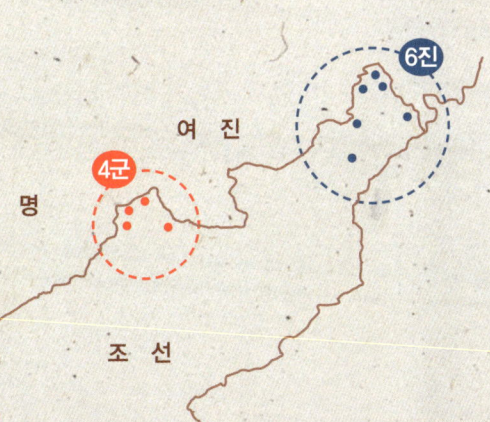

과학의 발전

세종대왕은 신분이 낮은 사람이라 할지라도 뛰어난 재능을 보이면 주저 없이 등용(뛰어난 인재를 뽑아서 씀)했어요. 대표적인 인물이 바로 장영실이에요. 그는 하루의 시간을 잴 수 있는 해시계와 물시계, 비의 양을 측정하는 측우기 등 여러 가지 획기적인 과학 기구를 발명했어요.

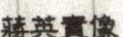
蔣英實像

훈민정음 해례본은 어디에?

1446년(세종 28년) 음력 9월 상순, 세종대왕은 훈민정음의 원리를 담은 책을 따로 만들어 펴냈다. 내용이 한문으로 쓰인 책을 '훈민정음 해례본'이라 하고, 그것을 다시 한글로 옮긴 책을 '훈민정음 언해본'이라고 한다. 각각 한 권짜리 책으로, 목판 인쇄술을 사용하여 만들어졌다.

하지만 시간이 흐르면서 해례본은 사라졌고, 한동안 전혀 찾을 수 없어서 소문으로만 존재하였다. 그러던 1940년 어느 날 경북 안동에서 우연히 발견되어 지금까지 서울 간송 미술관에서 보관하고 있다. 현재 우리나라 국보 70호 및 유네스코 세계 기록 유산으로 지정되어 있다.

그런데 2008년에 갑자기 두 번째 해례본이 등장하였다. 처음 발견된 책보다 훨씬 보존 상태가 좋았고, 16세기경 학자들의 연구 흔적도 남아 있어서 그 가치는 돈으로 따질 수 없을 만큼 어마어마했다. 하지만 이 책은 갑자기 선보여진 만큼 곧 어디론가 사라져 버렸다. 해례본을 세상에 알린 사람과 원래 주인이라고 주장하는 사람 그리고 그 전에 불상에서 몰래 훔쳐 팔았다는 사람이 한꺼번에 등장하면서 문제가 커져 버렸다. 2012년 현재 이 사건은 재판이 계속 진행 중이고, 해례본을 숨겨 놓았다던 사람은 나라에 기증하겠다는 서약을 했지만 그 약속을 지키지 않고 있다.

반면에 훈민정음 언해본의 경우 다양한 형태로 몇 권이 전해지는데 서강대, 고려대, 서울대, 세종대왕기념관 등에서 보관하고 있다. 이 가운데 가장 완벽한 형태를 유지하는 것은 서강대 소장본이지만, 단행본이 아니라 『월인석보』라는 책에 실려 있는 부분을 보관하고 있다. 또한 서울대 소장본의 경우 인쇄한 것이 아니라 사람이 직접 베껴 쓴 필사본으로, 원래는 일본 궁내성에서 보관하고 있었다.

이렇듯 훈민정음 해설서들은 전쟁 같은 어쩔 수 없는 상황 이외에도 사람들의 관리 부족이나 욕심 때문에 많은 어려움을 겪었다. 아예 없어지기도 하고, 다른 나라에 뺏겨 오랜 시간이 지난 후에야 비로소 우리나라에 되돌려지기도 하였다.

역사란 여러 사람들이 함께 모여 만들어 내는 것이다. 그와 더불어 문화재 역시 한 개인의 것이 될 수 없다. 문화유산은 같은 시대를 함께 살았던 사람들의 기억이자 그 사람들의 삶을 후세에 보여 주는 증거이다. 따라서 몇몇 사람들의 욕심을 채우기 위해 문화재를 훼손하거나 훔치는 일은 절대 일어나서는 안 될 것이다.

훈민정음의 원리

세종은 화가에게 한글을 발음할 때의 입 모양을 그리게 하고 의원을 불러 발음 기관의 모양에 대한 조언을 받아 훈민정음을 만들었어요. 그렇게 탄생한 한글의 원리에 대해 얼마나 알고 있나요?

- ( ) 는 입술 모양에 따라 달라지는 소리로, 발음을 할 때의 입술 모양을 바탕으로 'ㅁ'을 만들었어요.

- ( ) 는 혀의 뒷부분이 'ㄱ' 모양으로 목젖 부분에 붙으며 소리가 갇혔다 터져 나오는 소리. 그 모양을 본떠 'ㄱ'을 만들었어요.

- ( ) 는 이나 혀의 영향을 받지 않고 목구멍에서 만들어지는 소리. 목구멍이 동그랗게 뚫려 소리가 나는 것을 본떠 'ㅇ'을 만들었어요.

- ( ) 는 이와 이 사이에서 혀를 가져다 대며 만들어 내는 소리. 그 모양을 본떠 'ㅅ'을 만들었어요.

- ( ) 는 혀의 모양이 'ㄴ' 모양이 되면서 윗니 앞부분에 혀가 닿으며 만드는 소리. 그 모양을 본떠 'ㄴ'을 만들었어요.

&정답 입술소리, 어금닛소리, 목구멍소리, 잇소리, 혓소리

3장
100여 년 전 대한제국에서 온 편지

 우리말과 글에 담긴 우리 얼(정신)

한글의 대중화와 근대화에 큰 역할을 한 국어 학자 주시경

한글날이 다가오면 사람들은 세종대왕과 함께 한글 학자인 나, 주시경의 이름을 떠올리더군요. 할 일을 했을 뿐인데, 1세기가 흐른 뒤에도 나를 기억하고 내 이야기를 책으로 만들어 보는 사람들이 있다는 것에 기쁘고 대단히 영광스러워요.

아주 어렸을 때는 나도 한자를 배웠어요. 서당에서 훈장님께 『천자문』과 『소학』, 『대학』 같은 책들을 배웠지요. 그러다 우리나라가 일본의 식민지가 되어 버리고 신식 학교에 다니게 되면서 일본어를 억지로 익혀야 했어요. 한글을 위해 평생을 바쳤지만 정작 나는 평생 한글을 자유롭게 쓰지 못하는 삶을 살아야 했답니다.

세종대왕이 처음 훈민정음을 만들고 600년이라는 긴 세월이 흐르는 동안 한글이 겪은 일을 먼저 살펴보지 않고는 내 이야기를 할 수 없겠어요. 그러면 훈민정음의 역사를 자세히 알아볼까요?

세종실록에 따르면 1443년에 훈민정음이 창제되었지만, 세종대왕은 3년 동안 쓰임을 구체적

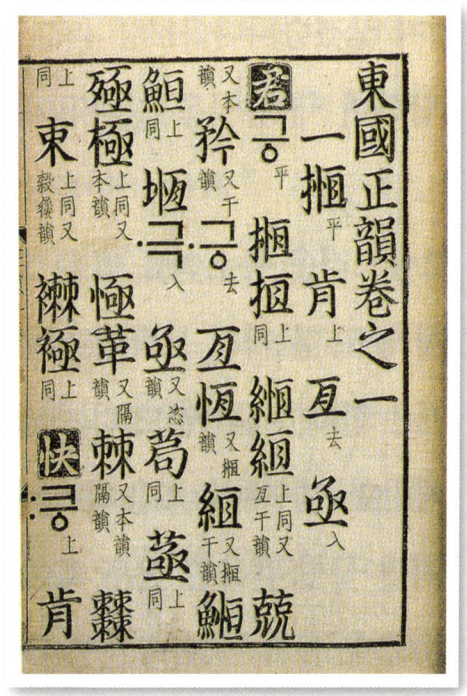

『동국정운』은 당시에 쓰이던 한자음을 한글 음 순서로 표기한 책이다.

으로 연구한 후 1446년에야 사용법이라고 할 수 있는 해례본과 함께 훈민정음을 세상에 널리 알렸어요. 세종대왕과 집현전의 학자들은 나라의 중요한 문서를 훈민정음으로 작성하였고 과거 시험을 볼 때도 문제에 훈민정음을 넣어 시험을 보게 했지요. 또한 훈민정음을 이용하여 화폐를 만들고 『동국정운』이라는 한자 교본도 만들었어요. 중요한 책들을 훈민정음으로 번역하여 백성들이 공부할 수 있게 하는 등 세종대왕과 집현전 학자들의 훈민정음 보급 노력은 지금 생각해도 대단히 치밀하

고 놀라운 것이었어요.

하지만 훈민정음은 처음에는 환영 받지 못했어요. 최만리와 같은 학자들만이 훈민정음 반포를 반대했던 게 아니랍니다. 대부분의 양반들은 훈민정음을 상스러운 말이라 무시했고, 아녀자들이나 신분이 낮은 사람들이 배우는 천한 글로 여기며 쓰질 않았어요. 우리말을 아주 편리하고 아름답게 표현할 수 있는 훈민정음을 두고 굳이 한자만을 고집했어요. 그렇게 해서 훈민정음은 여자들의 글, 양인양반과 천민의 중간 신분들의 글이 되었지요.

하지만 훈민정음이 반포된 후에 여성들이 '훈민정음'으로 남긴 문학 작품들은 놀랍도록 아름다워요. 부인네들이 주고받은 소소한 편지글들도 문학 작품 못지않게 훌륭한 글이 많아요. 무엇보다 당시의 삶을 엿볼 수 있는 놀라운 역사물역사를 주제로 한 작품이기도 해요. 자신들이 아는 바를 글로 남길 수 있게 되자, 상업이 급속도로 발달했고 농업 기술도 발전했어요. 훈민정음은 쉽게 배우고 편리하게 읽을 수 있는 글자였기 때문에 조금씩 사용하는 사람들의 수가 늘어났어요.

그런데 조선의 열 번째 임금인 연산군 때 몇몇 사람들이 훈민정음으로 왕의 잘못된 행동을 꼬집는 글을 지어 백성들에게 널리 알린 사건이 있었어요.

"고얀 놈들! 도대체 누가 이런 글을 짓는단 말이냐! 당장 훈민정음을

못 쓰게 하라!"

연산군은 훈민정음으로 지어진 책들을 모조리 불태우고 백성들이 훈민정음을 배우고 익히지 못하게 탄압_{권력이나 힘으로 억지로 못하게 함}했어요. 세종대왕과 집현전 학자들의 노력으로 만들어진 훈민정음 책들 대부분이 안타깝게도 이 시기에 불에 타 없어졌지요. 위기에 빠진 훈민정음은 이후 어떻게 됐을까요?

조선의 네 번째 임금이 백성을 위해 만들고, 열 번째 임금이 자기 자신을 위해 사용하지 못하게 해서 사라질 위기에 놓였지만, 훈민정음은 꿋꿋이 살아남았어요. 시간이 흐를수록 여자들과 평민들 심지어 양반네

허난설헌   정철

들에게까지 이미 훈민정음은 '우리나라 글자'로 확고하게 자리를 잡았던 거예요.

1527년 조선 시대 학자였던 최세진은 아이들이 한자를 쉽게 익힐 수 있는 한자 학습서 『훈몽자회』를 쓰면서 3,600자의 한자에 훈민정음으로 음과 풀이를 달아 놓았지요. 이 책에는 우리나라 닿소리와 홀소리의 이름과 순서가 정리되어 있어 세종대왕 때 만들어진 훈민정음이 1세기 동안 어떻게 변했는지를 확인할 수 있는 소중한 자료예요. 이렇게 변화를 겪으며 살아남은 훈민정음은 정철, 윤선도의 한글 시, 허균의 『홍길동전』, 허난설헌의 시, 김만중의 『사씨남정기』와 『구운몽』, 지은이를 알 수 없는 『춘향전』과 『심청전』 등 유명한 작품들로 남아 오늘날까지 읽히지요.

조선 후기에 이르러서는 중국 중심의 사고에서 벗어나자는 실학 운동이 펼쳐졌어요. 이 시기에 한글 소설 『호질』과 『양반전』 등을 쓴 박지원과 같은 실학자들이 훈민정음의 가치를 높이 보고, 그들의 생각을 펼치는 글자로 훈민정음을 사용했어요. 조선 후기의 한글 학자인 유희는 중국의 한자와 비교해 한글이 우수하다는 내용의 연구서 『언문지』를 발표하기도 했지요.

　이렇듯 훈민정음은 왕이 백성을 위해 만들었지만, 다른 왕과 양반들이 없애 버리려던 것을 백성들이 살려냄으로써 민족의 글자로 자리를 잡아갔어요. 그리고 조선의 스물여섯 번째 왕 고종에 이르러서야 우리나라 글자(국문)로 공식적인 인정을 받게 됐어요. 그러니까 내가 열여덟 살이었던 갑오개혁 고종 31년에 예전의 문물을 근대식으로 바꾸자는 개혁 운동 때의 일이었지요. 외세의 간섭과 위협이 있던 때로 그 어느 때보다 훈민정음의 존재가 빛났지요. 훈민정음은 단순한 글자가 아니라 우리 민족의 정신을 빛나게 담아 주는 그릇이자 조선의 왕이 백성을 위해 직접 만들어 낸 문자로, 그 가치가 매우 뛰어났거든요. 무엇보다 외국의 여러 나라들이 우리나라를 호시탐탐 노리던 때에 우리글이 있다는 것은 조선의 백성들에게 큰 힘이 되었어요. 그랬기에 1896년에는 우리나라 최초의 한글 신문인 《독립신문》이 창간되었고 나 또한 일본이 우리의 말과 글을 없애려 할 때, 온힘을 기울여 맞설 수 있었지요.

　1910년 일본이 조선의 국모를 죽이고 명성황후 시해 사건 고종을 위협하고 신하들을 매수 돈을 주고 사들임 하여 주권을 함부로 빼앗았을 때, 나는 분명하게 깨달았지요. 총칼을 들고 싸울 수 없다면 나는 조선 사람들의 정신과 얼을 지켜 내겠다고. 바로 우리글, 우리말을 지키겠다고 말이에요.

　"그래, 나 같은 사람이 이 나라를 지키기 위해 할 수 있는 것은 조국의

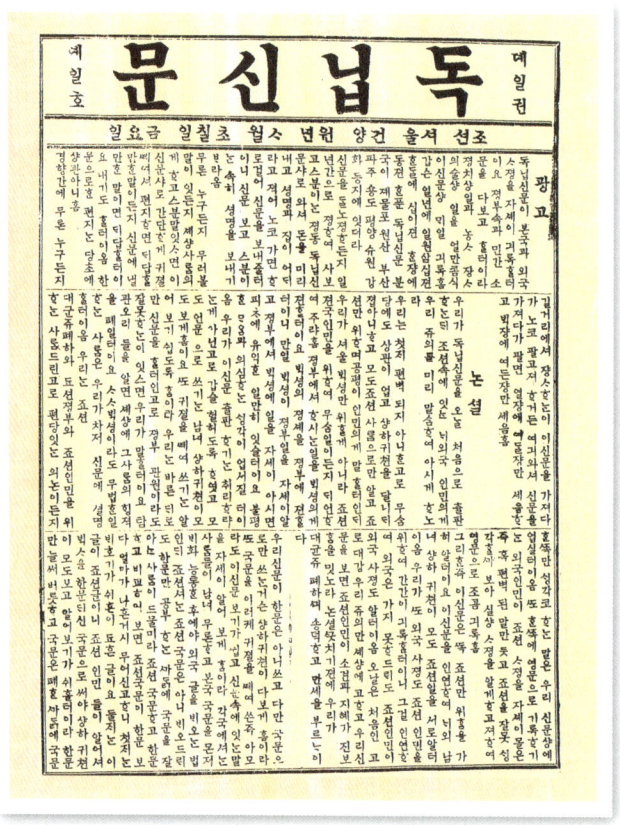

독립신문 초판(1896년). 대한민국 임시 정부에서 발행한 한국 최초의 민간 신문이자 한글 신문이다.

말과 글을 지키는 것이야."

사실 나는 독립신문이 만들어지던 때부터 한글을 지키기 위한 노력을 아끼지 않았어요. 독립신문을 만들 때 나는 한글을 제대로 쓰는 법을 제안했고 한글 띄어쓰기와 정확한 표현, 한자말이 아닌 우리말로 표현하기 등을 신문에 기사로 썼지요. 또 한글 보급에도 앞장섰어요. 그러다 보니 어딜 가더라도 보따리에 한글 교재들을 잔뜩 싸들고 다녀서 배재학당1885년에 세운 한국 최초의 근대식 교육 기관의 제자들은 나를 '주보따리'

라고 불렀답니다.

　아, 어떻게 그 일을 멈출 수 있었겠어요. 나는 국어 강습소를 열고 제자들을 길러 냈지요. 또 한글 맞춤법을 정리했어요. 세종대왕의 훈민정음은 500년이란 세월이 흐르는 동안에 많은 변화를 겪었어요. 더 이상 쓰지 않는 소리는 과감하게 버려야 했던 거예요. 그리하여 훈민정음은 이전과는 조금 다른 모습을 가지게 됐어요.

　세종대왕이 우리말을 살펴 훈민정음을 만든 것처럼 나 역시 우리말을 꼼꼼하게 살펴 가며 우리 글자인 한글의 체계를 잡아 나갔어요. 영어와 중국어의 문법 체계를 공부하면서 우리만의 한글 문법을 정리한 거예요. 내가 그 일을 하기 전까지 한글은 체계적이고 통일된 문법 체계를 갖지 못했거든요. 그래서 나는 그것들을 정리하는 데 혼신의 힘을 기울였어요. 꼼꼼하게 들여다보니, 우리말은 세계 그 어떤 나라의 언어보다 체계적이지 뭐예요. 특히 오랫동안 우리말을 담는 그릇으로 쓰였던 중국어와는 본질적으로 다른 언어 체계를 가지고 있다는 것을 알게 됐어요. 근본적으로 다른 언어인 중국어의 한자를 우리말

100여 년 전 대한제국에서 온 편지

의 그릇으로 썼다니, 조상들의 노고_{힘들여 수고하고 애씀}가 이만저만 큰 게 아니었겠다 싶었답니다.

우리말은 산과 강, 바다, 봄, 여름, 가을, 겨울이 있는 한반도의 오천

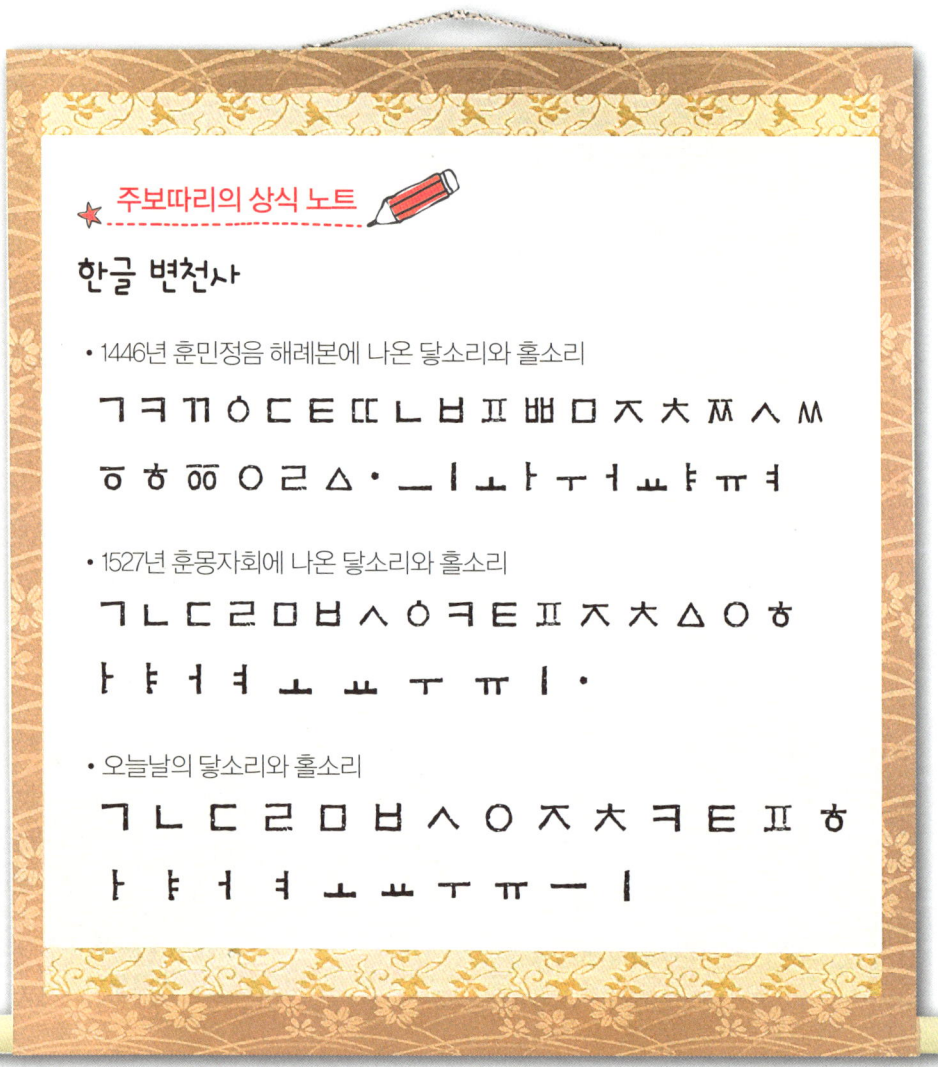

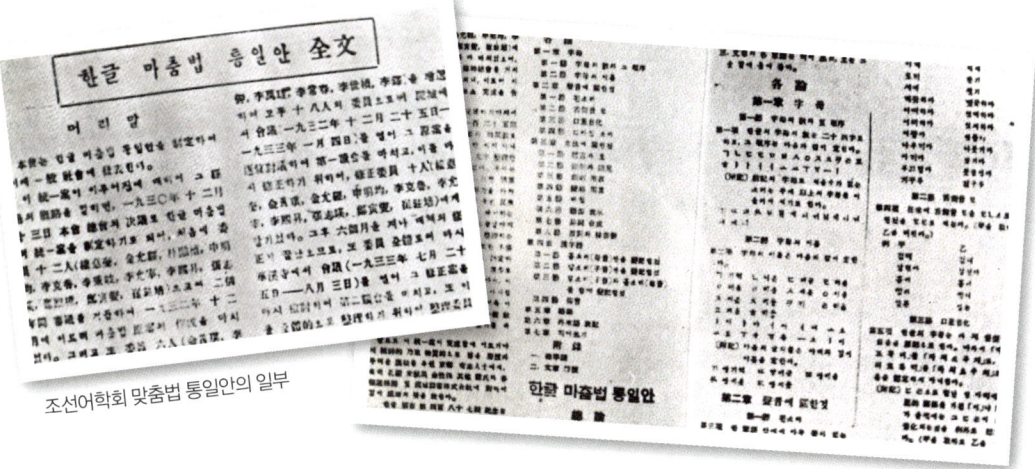

조선어학회 맞춤법 통일안의 일부

년 역사를 담고 있어서 그 어떤 언어보다도 표현력이 풍부해요. 하지만 한편으로는 까다로운 데가 있어서 맞춤법을 정리하고 문법의 체계를 정리하는 일은 보통 어려운 일이 아니었답니다. 그렇게 만들어진 나의 맞춤법과 문법 체계가 1세기 뒤에까지 활용된다 하니, 그때의 내 노력이 헛되지 않았다는 생각이 들어 뿌듯하군요.

하지만 내가 가장 심각하게 생각한 것은, 우리말에 섞여 있는 중국어와 일본어였어요. 오랫동안 중국과 호형호제형제처럼 매우 가까운 사이를 이르는 말하며 지내온 까닭에 우리말에는 한자의 영향을 많이 받아 여전히 어려운 단어가 많았고, 한자를 모르면 한글을 읽고 쓰기가 어려울 때도 있었어요. 그래서 나는 우리말에서 중국의 한자와 일본어를 걷어 내기 위해 노력했어요. 순우리말을 찾아 밝히고 알리는 일에도 열심이었지요. 아이들의 이름도 순우리말로 지어 주려고 했답니다. 그러다 눈

일제 강점기 때에도 우리말을 연구하던 조선어학회 회원들 (1942년 10월)

에 들어온 것이 훈민정음(訓民正音)이 한자어라는 거였지요. 우리말과 글을 갈고 닦자면 이것부터 바로잡아야겠다 싶었습니다. 하늘에서 세종대왕님이 보시더라도 나의 선택을 밀어 주시리라 생각했어요. 당시에야 모두 한자를 쓰던 때였고 그래야 사람들을 설득할 수 있었겠지만 500년이란 세월이 흘러 이제는 훈민정음이 더 이상 훈민정음일 수 없는 때이니 말이에요. 그래서 이것을 순우리말로 고치기 위해 나는 고민에 빠졌더랍니다.

  세종대왕의 뜻을 거스르지 않으면서도 우리 글자의 가치를 높여 줄 '순우리말'이 무얼까? 그러다 갑자기 '한'이란 단어가 떠올랐어요. 순우리말로 '한'은 '크다'라는 뜻과 '하나'라는 뜻을 가지지요. 그래서 나는 '한'과 '글'을 합쳐 훈민정음을 '한글'로 고쳤어요. 이렇게 훈민정음의 새 이름은 한글이 됐지요. 한글은 '우리 한민족의 크고 위대한 글자'라는 뜻이에요. 백성을 가르치는 바른 소리라는 뜻의 '훈민정음'이 일본의 위협 속에 '우리 한민족의 크고 위대한 글자'로 다시 태어난 것이지요.

내가 맞춤법을 정리하고 문법을 가다듬고 훈민정음에 새 이름인 '한글'을 지어 주며 우리말과 글을 손질하였던 까닭을 알겠나요? 우리의 말과 글이 곧 우리의 정신이기 때문이에요. 말과 글은 사람의 모든 생각이나 행동에 큰 영향을 준답니다. 그래서 일본이 우리나라의 주권을 빼앗자마자 한글을 못 쓰게 하고 일본어를 배워 쓰도록 강요했던 거예요.

우리 모두가 끝까지 한글을 지켜 냈기에 일제의 침략과 탄압에도 좌절하지 않고 1945년 광복을 맞이할 수 있었던 게 아닐까요? 1950년 한국 전쟁을 치르고 폐허가 된 나라가 반세기 만에 선진국 반열에 오를 수 있었던 것이나 한국 제품들이 세계를 사로잡고 우리나라 가수들의 노래와 드라마가 세계 사람들의 마음을 훔칠 수

있었던 힘. 나는 그 모든 힘이 '한글'에서 시작했다고 믿어요.

그렇기에 우리는 한글을 더 아름답게 가꾸어야 한다고 생각해요. 너무 쉽게 외래어에 자리를 내어 주지 말고요. 또한 너무 쉽게 신조어나 유행어를 받아들이지 않아야 해요. 외래어나 신조어, 욕설 등의 지나친 사용으로 우리말이 혼탁해져 맞춤법의 체계가 제멋대로 흔들리고 문법이 엉망이 될 수도 있거든요. 그렇게 되면 사람들이 서로의 말을 제대로 알아듣거나 이해할 수 없어서 결국 나라가 흔들리고 사람들의 정신도 흔들리게 될 거예요.

오늘 이 순간에 한국이 높은 위상을 가지고 세계 열강들과 어깨를 나란히 하게 된 밑바탕에는 '한글의 힘'이 있었다는 것을 기억해 주세요. 그리고 그 힘은 한글을 아름답게 가꾸는 데서 온다는 것도 잊지 마세요.

"말이 좋아지면 나라가 좋아지고, 말이 나빠지면 나라도 나빠진다."

내 말을 꼭꼭 명심해 주길 바랍니다.

주보따리의 상식 노트

세계가 인정한 한글의 우수성

영어는 한글과 마찬가지로 표음 문자<말소리를 그대로 기호로 나타낸 문자>예요. 그래서 한글이나 영어 모두 표의 문자인 중국어(한자)에 비해 쉽게 배울 수 있어요. 하지만 영어는 한글과 달리 모든 소리를 '그대로' 표현하지 않기 때문에 같은 알파벳이라 하더라도 다르게 읽을 때가 많아요. 또 전혀 다른 알파벳이 때때로 같은 소리를 내기도 하지요. 즉, 그러한 경우를 모두 알아야 영어를 정확하게 읽을 수 있어요.

알파벳은 서기 600년 즈음부터 사용되기 시작하여 무려 1400년이 넘는 기간 동안 세계 여러 나라로 퍼져 나갔어요. 그런데 그 긴 세월 동안 알파벳의 꼴은 거의 변하지 않았지요. 표음 문자는 소리가 바뀌면 글자도 바뀌어야 해요. 우리의 훈민정음 28자가 오늘날에는 24자로 정리된 것처럼 말소리가 바뀌면 그에 맞게 글자도 모양을 바꿔야 해요. 하지만 알파벳은 그러는 대신 체계를 복잡하게 바꾸어 결과적으로 '어려운 표음 문자'가 되었어요. 그래서 미국의 많은 사람들이 자신의 나라 언어인 영어를 읽고 쓰는 데 어려움을 느껴요. 미국 시민 가운데 고작 80% 남짓한 사람만이 영어를 읽고 쓸 수 있으며, 미국의 대통령들까지 나서서 '문맹 퇴치 운동'을 벌일 정도예요.

하지만 우리나라는 통계상 세계에서 가장 문맹률이 낮은 나라예요. 한글이 그만큼 배우기 쉬운 글자이기 때문이지요. 또한 『훈민정음』은 유엔 산하 유네스코에서 지정한 세계기록유산으로 뽑히면서 세계적인 인정까지 받고 있어요.

한글로 쓰인 문학 작품

한글이 만들어진 후 문학 작품들도 한글로 쓰이기 시작했어요. 주제와 내용도 무척 다양했지요. 나라와 임금을 찬양하는 작품부터 서민들의 소망, 기쁨, 슬픔 등을 표현한 작품도 있었고, 양반 사회의 모순을 비판하는 작품도 있었어요. 조선 시대 이후 아름다운 한글로 쓰인 대표적인 작품들을 살펴볼까요?

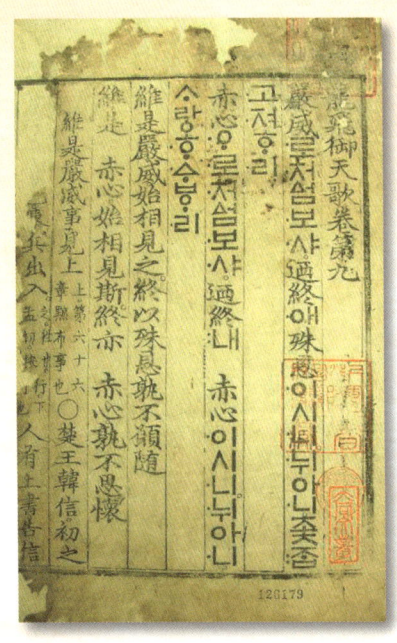

용비어천가
한글로 쓰인 최초의 책으로 세종대왕 때 지어졌어요. 한글의 가장 오래된 모습을 보여 주는 중요한 자료랍니다. 조선을 건국한 태조와 조선의 앞날을 찬양하는 내용을 담고 있어요.

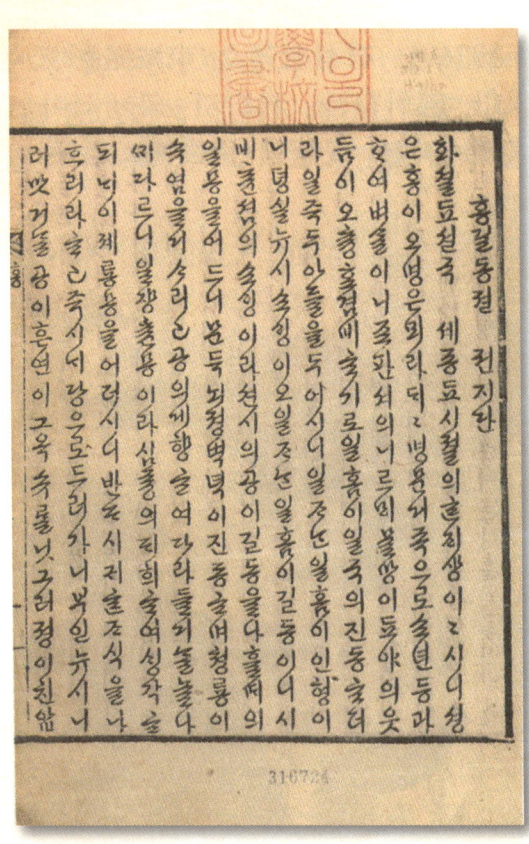

홍길동전
조선 중기 때의 문인 허균이 지은 책으로, 최초의 한글 고전 소설이에요. 홍길동은 서자로 태어나 차별을 받으며 자라다가 집을 뛰쳐나오게 돼요. 그 후 못된 양반들을 벌주고 가난한 백성들을 돌봐 주는 의적이 되어 널리 이름을 떨친다는 내용이지요.

월인천강지곡
조선 전기 2대에 걸쳐 임금이 편찬, 간행한 작품이에요. 우리나라 최초로 불교 서적을 한글로 번역한 책이지요. 조선 전기의 훈민정음과 불교학 및 문헌학 연구에 아주 귀중한 자료예요.

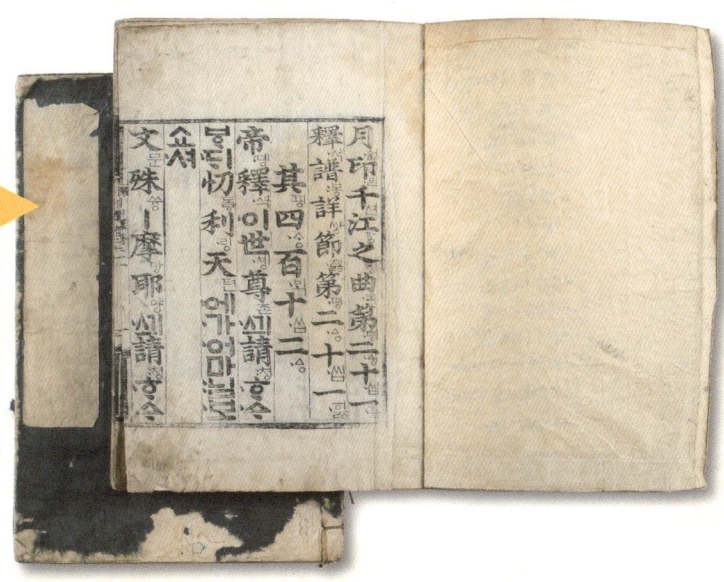

두시언해(분류두공부시언해)
성종 12년에 만들어진 책으로 당나라의 유명한 시인 두보의 시를 한글로 옮긴 책이에요. 한시를 한글로 번역한 최초의 책으로 조선 초기 한글의 모습을 볼 수 있는 자료이지요.

춘향전
한국 고대 소설의 대표 작품이에요. 구전 문학(입에서 입으로 전해 온 문학)의 한 종류로 처음에는 판소리로 만들어졌다가 나중에 소설로 쓰여 졌지요. 그래서 지은이와 출간 년도를 구체적으로 알 수 없어요. 지금까지 영화, 연극, 드라마 등 다양한 예술 장르의 소재로 사용되어요.

말과 글은 우리의 얼굴이에요!

'간지? 멘붕? 안습?'
이 단어들은 요즘 우리 주위에서 흔히 사용되는 말들로 최근 몇 년간 새로 생겨난 '신조어'이다. 그 뜻을 한번 살펴보면

간지 나다 : '폼 나다, 멋있다'라는 뜻. 일본어 '간지'에서 나온 말
멘붕 : 영어의 '멘탈'과 한자어 '붕괴'를 합한 '멘탈 붕괴'의 줄임말. 어떤 일에 매우 당황하여 평소처럼 생각하거나 감정을 조절하기 힘든 상황을 말한다.
안습 : 안구에 습기가 찼다는 뜻으로 눈물이 날 정도로 슬프고 불쌍하다는 뜻

이외에도 사람들은 수많은 신조어와 외래어, 욕설 등을 쉽게 사용한다. 물론 그러한 말들이 무조건 모두 나쁘다는 것은 아니다. 또한 유행어의 특성상 얼마 지나지 않아 자연스럽게 사라지기도 한다. 하지만 그 가운데 어법과 문법에 맞지 않거나 부정적인 뜻을 가진 단어들이 의외로 많이 있다. 요즘은 인터넷과 소셜 네트워크(SNS) 등이 발달하면서 말이 퍼지는 속도가 예전과 비교할 수 없을 만큼 빨라졌다. 뿐만 아니라 인터넷이나 방송을 접하는 연령이 점점 낮아지면서 어린 학생들에게 미치는 영향 또한 커지고 있다.
우리나라는 고유의 말과 글자를 가지고 있지만 아주 오래전부터 한자를 함께 사용해 왔고, 일제 강점기 때의 영향으로 일본어 역시 여전히 우리말 속에 녹아 있다. 따라서

이 모든 말들을 순우리말로 바꾸는 것은 억지스러운 일이다. 하지만 우리말과 글로 무리 없이 표현할 수 있음에도 불구하고, 멋있어 보인다거나 똑똑해 보이기 위해 또는 무리에서 따돌림을 당하지 않기 위해 위와 같은 말들을 사용하는 일이 과연 옳은 일일까?

더 큰 문제는 한글을 해치는 말을 쓰는 사람들이 개인뿐만이 아니라는 점이다. 사람들에게 바른 말 쓰기 모범을 보여야 할 정부나 방송국조차 우리말과 글을 어지럽히는 경우가 많다. 예를 들어, 우리나라 정부 부처에서 어떤 일을 추진하거나 국민들에게 알려야 할 때, 자극적인 외래어를 사용하거나 재미를 위해 문법에 맞지 않는 표현을 하는 경우가 유행처럼 늘어나고 있다. 이럴 경우 아주 잠깐 관심을 끌 수는 있겠지만 정작 내용이 신통치 않다면 국민들의 외면을 받는 것은 시간문제일 것이다.

"말은 그 사람의 인격을 드러낸다"라고 한다. 어떻게 말하고 표현하는지를 보면 그 사람의 생각과 인품을 알 수 있다는 뜻이다. 또 그와 반대로 별 뜻 없이 거친 말을 쓰다 보면 생각과 행동이 그에 맞게 변할 수도 있다. 내가 쓰는 말과 글은 나의 얼굴이나 마찬가지이다. 이 사실을 항상 기억하고 우리 한글을 바르게 사용하려 꾸준히 노력한다면 올바른 생각을 할 수 있을 뿐만 아니라 서로 존중하는 마음가짐도 가지게 될 것이다.

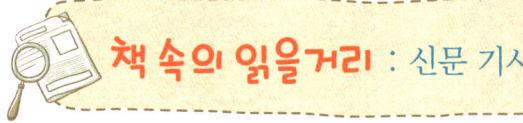

말의 다양성 살리는 표준어 확대 잘했다

― [동아일보] 2011년 9월 2일

국립국어원은 기존 표준어인 '자장면'과 함께 '짜장면'을 복수 표준어로 인정하기로 결정했다. 19세기 말 한국에 처음 등장한 '짜장면'은 실제 생활에서 '자장면'보다는 '짜장면'으로 발음하는 경우가 대부분이다. 그러나 1986년 개정한 외래어 표기법과 1999년 국립국어원이 간행한 '표준국어대사전'에서 '자장면'으로 표기돼 정부의 국어 정책이 현실과 동떨어져 있다는 비판이 제기됐다. 국립국어원은 이 밖에도 '먹거리', '허접쓰레기', '개발새발', '간지럽히다' 등 그동안 표준어에서 제외됐던 우리말 39개를 새로 인정했다. 표준어 제정 기준인 '국민이 공통적으로 쓰는 현대 서울말'을 충족하는 어휘들이다.

국립국어원의 표준어 확대는 잘한 일이다. 복수 표준어로 추가된 어휘와 기존 표준어를 비교해 보면 오히려 기존 표준어 쪽이 생소하게 느껴진다. 새로 추가된 '남사스럽다'의 원래 표준어인 '남우세스럽다', '쌉싸름하다'의 기존 표준어인 '쌉싸래하다' 등이 대표적이다. 이번 복수 표준어 인정은 지난해 2월부터 추진했으나 1년 반 이상의 시간이 소요됐고 대상 어휘도 극소수에 그쳤다.

국어는 우리의 문화적 정체성의 기반이다. 이번에 추가된 '내음(냄새)', '나래(날개)', '흙담(토담)', '뜨락(뜰)' 같은 어휘들은 우리말의 다양성을 살리고 국어 생활을 더 풍요롭게 해 줄 것이다. 앞으로 표준어로 확대돼야 할 우리말들이 많이 있다. 국립국어원은 확대 작업에 속도를 내야 한다. 정부의 표준어 제정이 국어 변화에 적절히 대응하지 못하고 주도력을 갖지 못할 경우 표준어 전체가 외면당하고 신뢰를 상실할 수 있다.

인터넷 공간에서 비속어, 축약어 등 국어의 파괴 현상이 심각하다. 방송 언어에서 거친 표현들이 난무하는 현실도 시정돼야 한다. 다양성과 품격을 갖춘 국어 보급과 순화가 절실한 시점이다. 정부는 국어 정책을 적극적이고 능동적으로 펴 나갈 필요가 있다.

논설위원실

한글날이 더 서러운 한글학회

— [동아일보 | 2008년 10월 10일

"한 민족이 말만 있고 글이 없으면 발전할 수 없습니다. 세종대왕께서 훈민정음을 창제하신 것도 그 때문입니다. 로마자 때문에, 한자 때문에 한글이 죽어서야 민족의 발전도 없습니다."

한글날인 9일 오전 11시 서울 종로구 신문로 한글학회 건물 강당에서 훈민정음 반포 562돌 기념식이 열렸다. 한글학회의 발전과 한글 사랑운동에 기여하는 사람들을 시상한 이날 행사에서는 우리말의 현실에 대한 탄식이 터져 나왔다.

김승곤 한글학회장은 "한글학회 창립 100돌을 맞은 올해 한글날은 그 의미가 남다르다"는 말로 기념사를 시작했지만, 이내 우리말이 영어 등 외국어에 치이는 상황을 얘기하며 톤이 높아졌다.

"로마자와 한자로도 아버지와 어머니를 표현할 수 있지만 우리말 그대로 '아버지', '어머니'라 쓸 수 있는 것은 한글밖에 없습니다. 외국어 교육도 중요하지만 우리말도 제대로 모르는 유치원생, 초등학생에게까지 영어를 그렇게 가르쳐야 합니까."

김 회장은 "입사 시험 때 우리말을 잘하는 사람에게 높은 점수를 주고 대우해 주지 않으니 국어는 뒷전이 되는 것이 아니겠느냐"고 했다.

한글재단 이사장 이상보 국민대 명예교수는 "우리말과 글의 사기가 흐트러져 있다"며 "정부와 국회, 사회 지도자들이 정신을 차려 아끼고 가꿔 나가야 우리말과 글의 사기의욕이나 자신감이 넘쳐 굽힐 줄 모르는 자세가 살아날 수 있다"고 했다.

기념식을 지켜 보며 한 초등학교 교사의 말이 떠올랐다. 그는 "국어는 좀 못해도 영어는 잘해야 한다는 생각을 가진 아이가 많다"며 "부모가 그렇게 얘기하고 방송에서도 영어 얘기뿐이니 국어를 열심히 공부해야 된다는 인식이 없는 것"이라고 했다.

우리말이 뒷전에 밀리는 세태는 교보문고의 최근 베스트셀러 순위에서도 나타난다. 10위 이내에 1, 2, 8위가 영어 교육 관련 책이다. 100위까지 보더라도 14권의 영어 교재가 포함됐지만 우리말 교육과 관련된 교재는 단 한 권도 없었다.

우리말에 대한 홀대소홀히 대접함가 어제오늘의 일은 아니지만 대표적인 민간 한글 연구단체인 한글학회의 긴 탄식이 이날따라 더 길게 들렸다.

황장석 기자 surono@donga.com

정답 맞히기

훈민정음이 창제되고 나서 쓰인 한글 소설 중에는 지금까지 사랑을 받는 작품이 많아요. 드라마나 영화, 연극으로 만들어지거나 외국으로 수출되기도 하지요. 다음에 나오는 줄거리를 보고 소설 제목을 맞혀 보세요.

Q1 서자로 태어난 주인공은 주위 사람들에게 무시를 받으며 자라지만 의적이 되어 어려운 백성들을 돕고 탐욕스러운 관리들에게 벌을 주지요.

Q2 변화하는 사회에 발맞추어 살지 못하는 무능한 양반을 비판하고, 당시 조선 사회의 문제점을 풍자하고 있어요.

Q3 주인공은 불교의 수도승이었지만 높은 지위에 올라 부귀영화까지 누리는 꿈을 꾸고, 꿈을 깬 후에 인생무상을 느껴요.

Q4 과거 시험을 보러 떠난 약혼자를 기다리던 여자 주인공은 못된 사또의 요구를 들어 주지 않아 죽을 위험에 처해요. 하지만 암행어사가 되어 나타난 약혼자에 의해 목숨을 구하고 사랑도 이룬다는 이야기이지요.

Q5 여자 주인공은 눈 먼 아버지를 봉양하기 위해 인당수에 몸을 던져요. 하지만 효심에 감동한 용왕의 도움으로 살아나 왕비가 되고, 아버지 역시 눈을 뜨게 되지요.

정답 ① 홍길동전 ② 양반전 ③ 구운몽 ④ 춘향전 ⑤ 심청전

 폴란드에서 만난 세종대왕

안녕? 한국에 있는 친구들. 여기는 천문학자 코페르니쿠스의 나라, 노벨 화학상을 받은 퀴리 부인의 나라, 동유럽의 흑진주로 불리는 나라, 바로 폴란드야! 나는 폴란드 소녀 아가타 브르벨. 바르샤바 대학교에서 한국어를 전공하고 있지. 나의 한국 이름은 사임이야. 고등학교 때 한국어 선생님이 자기가 가장 존경하는 인물이 신사임당이라고 하면서 지어

주셨어.

폴란드 고등학교에 왠 학국어 선생님이냐고? 폴란드 '세종대왕 고등학교' 학생이라면 누구나 주당 7시간의 한국어 수업을 듣고 한국어 받아쓰기도 하고 한자 공부도 해야 했어. 그게 교칙이었거든.

아무래도 학교 소개부터 해야겠다. 내가 졸업한 고등학교의 이름은 '세종대왕 고등학교'야. 어떻게 된 일이냐고? 1990년 학교가 처음 문을 열기에 앞서 학교 이름을 지을 때의 일이야. 부모님들과 선생님들이 학교 이름을 두고 고민하다가 우연히 한국에서 폴란드의 천문학자 코페르니쿠스를 대단히 높게 평가하며 가르치고 있다는 사실을 알게 됐대. 그래서 누군가가 그 보답으로 학교 이름을 한국의 위인으로 정하면 어떻겠냐고 했고 모두 함께 한국의 위인들을 살펴보게 됐지. 그러다 한글을 창제한 세종대왕을 알게 됐다고 해. 그런데 세종대왕에 대해 조사를 한 뒤, 부모님과 선생님들은 깜짝 놀랐어.

"백성을 사랑하는 마음으로 일생을 바쳐 문자를 만든 왕이라니!"

"문자를 만든 것만으로도 대단한 일인데요, 그 이유가 백성과 소통하기 위해서라니 정말 훌륭하지 않아요?"

왕이 백성을 아끼고 사랑하는 마음에 모두 감동했지. 왕의 업적은 그뿐만이 아니었어. 너희도 잘 알다시피 장영실이라는 과학자와 함께 천문학 분야에서 놀라운 업적들을 쌓았고 이천 등의 사람들과 함께 인쇄

기술을 발전시켰어. 또한 최윤덕, 김종서 등의 무신들과 함께 여진족에 맞서 국토를 넓혔고, 박연에게 조선의 음악을 정리하게 했지. 세종대왕의 인물됨과 업적을 살펴본 선생님과 부모님들은 학교 이름을 기꺼이 '세종대왕' 고등학교로 짓기로 했대.

　부모님들은 내친김에 학교에서 위대한 사랑으로 만들어진 놀라운 문자인 '한글'을 가르치면 어떻겠냐고 제안했대. 그렇게 해서 세종대왕 고등학교에서는 한국어 수업을 일주일에 7시간이나 하게 됐다는 거야. 부모님들은 학생들이 세종대왕의 '정신'까지 물려받으면 좋겠다고 생각했다나. 그래서 복도에 세종대왕의 초상화를 걸어 두고 교실 게시판

에는 한국의 국기인 태극기까지 걸어 놓았어. 학교 건물에 기꺼이 '반갑습니다. 우리 학교는 한국어를 가르치고 있습니다. 세종대왕 고등학교'라고 새기기도 하고 말이야.

 덕분에 나는 한국과 한국 문화에 큰 관심을 가지게 되었고, 결국 대학교에 입학해서 전공을 정할 때에도 한국어를 선택하게 되었지. 아쉽게도 지금은 세종대왕 고등학교가 문을 닫았지만 하루빨리 한국어를 배울 수 있는 학교가 많이 생겼으면 좋겠어. 헤헷!

 ## 배우기 참 쉬운 글자, 한글

 사실 나는 한국이 어디에 있는 나라인지도 잘 몰랐어. 집에 삼성 텔레비전과 휴대전화가 있고 엘지 노트북을 쓰고 있으면서도 그것들이 한국에서 만들어진 제품인 줄 몰랐던 거야. 학교에서 삼성이나 엘지 같은 브랜드가 한국 회사라는 것을 알게 됐는데, 그때야 조금 관심이 생겼더랬지. 첨단 기술이 발달한 나라구나 하고 말이야. 지도를 살펴보니 한국이 보이더라고. 중국과 일본 사이에 있는 작은 나라가 말이야. 난 자주 중국과 일본을 지도에서 찾곤 했는데, 왜 그동안 한국이 보이지 않았던 걸까? 나라 크기가 작아서 중국의 일부라고 생각하고 넘겨 버렸

던 것 같아.

 그런데 내가 굳이 이렇게 편지를 쓰는 이유는 따로 있어. 바로 '한국어' 이야기를 하려고. 나는 고등학생이 되기 전에 한국어를 공부해 본 적이 없어. 그리고 고등학생 때에는 학교에서 하는 수업 이외에 따로 한국어를 공부하지도 않았지. 폴란드어에는 알파벳이 있는데 알파벳을 사용하는 언어들은 비교적 쉽게 배울 수 있어. 어원어떤 말이 생겨난 근본이나 원인이 비슷한 경우가 많으니까 말이야.

 그런데 이 한글이라는 것은 처음에 도통 친해지지가 않더라고. 발음 기관의 모습을 흉내 내어 만든 과학적인 언어라는데 말이야. 처음에는 닿소리와 홀소리를 익히는 데 엄청 오랜 시간을 들여야 했어. 기역, 니은, 디귿. 발음은 왜 또 그렇게 어려운지. 그런데 말이야, 처음에 까다로운 몇 가지 원리를 배우고 나니까 그 다음은 쉽더라고.

 먼저 한국어의 알파벳을 외우고 그것들의 소리까지 정확하게 달달 외웠지. 다행인 것은 한국어 알파벳은 24자뿐이라는 거. 이다음부터는 규칙을 알면 되더라고. 예를 들면 이런 규칙들이 있어. 글자는 자음+모음+자음으로 이뤄져. 이것은 첫소리, 가운뎃소리, 끝소리로 이뤄지는데 때때로 끝소리가 생략되기도 해. 그리고 자음끼리, 모음끼리 서로 비슷하게 생겨서 처음에 좀 헷갈리지만 개념이 정확하게 잡히고 나니까 그다음부터는 한국어가 술술 읽히더라니까!

그렇게 몇 개월 고생스럽게 수업을 받고 나니 내게 놀라운 일이 일어났어. 급속하게 나의 한국어 실력이 늘었던 거지. 말하는 법은 사실 조금 어려웠어. 발음이 쉽지 않으니까. 본격적으로 한국어를 배울 때는 발음이랑 소리가 약간씩 다른 게 있어서 힘들었는데, 이것도 맞춤법이랑 문법을 공부하면서 자꾸 쓰니까 점차로 익숙해지더라. 폴란드어와 한국어는 알파벳이 완전히 다르게 생겼는데도 불구하고 한국어는 배우는 과정이 그렇게 어렵지 않아서 좋았어.

 한글을 배우면 한국이 보여!

한국어를 배우면서 나의 취미는 한국 가요 따라 부르기가 됐지. 가사들이 참 좋더라고. 가락이 폴란드 가요와 비슷한 노래도 많아서 낯설지가 않은 거야. 그리고 최근에는 인터넷을 통해 한국 가수들의 동영상을 보게 됐는데, 정말 춤을 잘 추더라. 가사도 영어가 섞여 있어서 따라 부를 때 어렵지 않았어! 그래서 최근에 나의 취미는 한국 가요 가사를 내려받기 해서 따라 부르는 거야. 덕분에 한국어를 배운 지 딱 1년 반 만에 이만큼의 실력을 키우게 되었지.

한국어를 배우게 된 뒤에 나는 놀라운 경험들을 많이 할 수 있었어.

한국 방송을 인터넷으로 보다가 노래 실력을 겨루는 여러 프로그램을 알게 됐지. 그래서 나도 내가 좋아하는 한국 가요를 춤과 함께 멋지게 부른 동영상을 한 방송국에 보냈어. 물론 나의 가창력이 조금 부족해서 예선에서 탈락했지만 당당하게 도전했다는 사실만으로도 기뻤지. 한국어를 배우지 않았다면 불가능한 일이잖아.

　나는 무엇보다 피겨 요정 김연아 선수나 영국에서 활약 중인 박지성 선수 등 세계적인 운동 스타들에 대해 친구들과 이야기할 때가 정말 좋아. 난 인터넷으로 아주 따끈따끈한 정보를 바로바로 볼 수 있고 필요하면 출력도 할 수 있거든. 그런데 한글을 잘 모르는 친구들은 영어 정보만을 보니까 아무래도 훨씬 정보의 양이 적더라고. 축구를 엄청 좋아하는 내 친구 마냐는 자신도 한국어를 배우겠다고 난리야. 나한테 가르쳐 달라고 한다니까. 진짜 놀랍지?

　아직 시도하지는 않았지만 내 소원은 한국으로 여행을 가는 거야. 졸업하기 전에 교환 학

음악과 드라마 등 한국의 대중 문화는 세계 곳곳으로 퍼져 나가고 있다. 사진은 파리에서 열린 한국 가수의 공연 무대

생을 신청해 보려고 해. 한국에 가서 내 한국어 실력을 확인해 보고 싶어. 지금 생각에는 여행에 필요한 회화 정도는 잘할 수 있을 것 같은데 말이야. 진짜 실력 발휘를 할 수 있을지는 모르겠어.

신기하지? 한국에 대해 아는 게 거의 없던 폴란드 학생이 세종대왕 고등학교에 입학을 하고 한국어를 배우면서 한국에 대한 관심이 이렇게 커졌으니 말이야.

혹시 내년쯤 한국에서 우리가 만날지도 모르겠구나. 만약 어떤 폴란드 여학생이 네게 "용산 한글박물관에 가려면 어떻게 해요?" 하고 물으면 나라고 생각해. 한국을 여행할 생각을 하니 벌써부터 기대가 된다. 그때를 위해 좀 더 한국어 실력을 갈고 닦아야겠지?

한글날의 유래

세종대왕은 한글을 매우 비밀스럽게 만들었기 때문에 한글 창제에 대한 기록은 자세히 남아 있지 않아요. 그래서 한글을 만든 시기도 정확히 알 수 없답니다. 오늘날 10월 9일을 한글날로 정하기까지 어떤 일들이 있었는지 살펴볼까요?

1443년 (세종 25년) 12월
실록(왕이 한 일을 기록한 책)에 왕이 언문 28자를 만들었다고 기록되어 있어요.

1446년 (세종 28년) 9월
실록에 훈민정음이 완성되었다고 적혀 있어요.

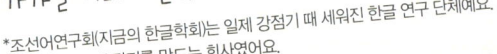

1926년
11월 4일(음력 9월 29일)에 조선어연구회와 신민사가 함께 세종대왕 훈민정음 반포 480주년 기념식 겸 1회 한글날 행사를 열었어요. 이때는 '한글날'이 아니라 '가갸날'이라고 불렀대요.

*조선어연구회(지금의 한글학회)는 일제 강점기 때 세워진 한글 연구 단체예요. 신민사는 당시에 잡지를 만드는 회사였어요.

1940년 7월
훈민정음 해례본의 원본이 발견되었어요. 그런데 서문에 '세종 28년 9월 상순'이라는 날짜가 적혀 있었답니다. 그 후로 한글날을 10월 29일에서 20일 정도를 앞당겨 10월 9일로 지정하였어요. 이때가 음력으로 9월 상순쯤이랍니다.

1970년
한글날이 법정 공휴일로 정해졌어요.

1990년
한글날이 법정 공휴일이 아닌 기념일로 바뀌었어요.

2006년
한글날이 국경일로 승격(지위가 오름) 되었어요. 국경일은 휴일이 아닐 수도 있어요. 한글날은 국경일이지만 쉬지 않는답니다.

~ 현재까지
한글날이 되면 정부, 학교, 각종 단체에서 세종대왕의 업적과 한글의 탄생을 축하하는 행사가 열려요.

세계가 존경하는 우리나라의 세종대왕

1996년 일본의 천문학자 와다나베 가즈오는 화성과 목성 사이에서 별을 발견하고 '세종'이라는 이름을 붙였다. 그러고는 다음과 같이 밝혔다.
"과거 일본이 저지른 행동을 조금이라도 사과하고 싶습니다. 또 평소 한국의 세종대왕을 존경해 왔습니다."
이를 두고 우리나라 학자들은 자연 과학 분야에서 세종대왕이 이룬 놀라운 업적을 세계가 인정한 것이라고 평가한다.
유네스코는 해마다 교육, 문화, 과학 등 각 분야에서 훌륭한 성과를 낸 사람이나 단체에 상을 준다. 이 상 가운데 하나가 바로 '세종대왕 상'으로 백성들을 위해 훈민정음을 만든 세종대왕의 정신을 높이 산 것이다. 이 상은 문맹 퇴치에 뛰어난 업적을 쌓은 사람 또는 단체에 주어진다. 1989년 6월 21일에 처음 만들어진 후, 1990년부터 매년 9월 8일에 시상을 하고 있으며, 첫 회에는 인도의 한 단체가 상을 받았다.
미국 동부 델라웨어 주의 중심부인 윌밍턴에는 세계적인 화학 회사 듀퐁 사가 세운 최고급 호텔이 있다. 그곳에 바로 '세종 룸'이라는 방이 있는데 주로 회의실로 사용되며, 호텔 회의실 가운데 다섯 번째로 크다. 세종 룸은 세종대왕이 훈민정음을 만든 것을 기리기 위해 만들어졌다고 한다. 듀퐁 호텔의 다른 방들에도 위대한 인물들의 이름이 붙여졌는데, 동양의 위인으로는 세종대왕이 유일하다.
이렇게 세종대왕은 세계적으로 존경과 인정을 받고 있다. 우리나라 역시 사람들이 가장 좋아하는 위인을 뽑을 때 1, 2위를 다툴 정도로 훌륭한 성군으로 꼽힌다. 하지만 요

즘 들어 세종대왕의 업적과 정신은 크게 중요하게 여겨지지 않는다. 사람들은 한글날이 되어도 미처 깨닫지 못하고, 중요하게 보관되어야 할 자료와 유물들은 도난을 당하거나 훼손되기도 한다. 또한 순우리말 대신 부정적인 뜻을 담은 신조어나 욕설이 일상어로 사용되기도 한다. 뿐만 아니라 한국어보다 영어를 비롯한 다른 나라의 언어를 잘하는 사람이 더 능력 있고 유능하다고 평가 받기도 한다.

다른 나라에서조차 세종대왕의 뜻을 기리고 배우려 노력하는데, 정작 우리나라 사람들은 그 뜻을 보존하기는커녕 '세계화 시대'에 발맞추어야 한다는 생각에 사로잡혀 한글을 푸대접하는 경우가 늘고 있다. 유명한 언어학자, 통역가, 번역가들은 모두 이렇게 말한다.

"외국어를 잘하는 비결은 무엇보다 국어를 잘하는 것에서 출발합니다."

이 말은 단순히 기술적인 부분만 뜻하는 것이 아니다. 자신의 생각과 의견을 정확하고 효과적으로 전달하기 위해서는 풍부한 어휘력과 표현 방법이 중요하다. 이것은 국어를 잘하지 못한다면 절대 할 수 없는 일이다. 또한 이렇게 우수한 국어 실력이 뒷받침 되어야만 외국어 실력도 늘 수 있다는 뜻이다.

이렇듯 진정한 세계화는 자신의 나라와 문화를 소중히 여기고 지켜 나가는 데서부터 출발한다. 또한 그런 연습을 함으로써 무분별하게 외국 문화를 받아들이는 실수를 줄일 수 있을 것이다.

순우리말을 골라라!

주위를 둘러보세요. 그리고 친구들이 하는 말을 잘 들어보세요. 영어나 일본어, 한자 등으로 이루어진 외래어와 인터넷 사용으로 증가한 신조어가 넘쳐 납니다. 아래에서 순우리말을 찾아보세요.

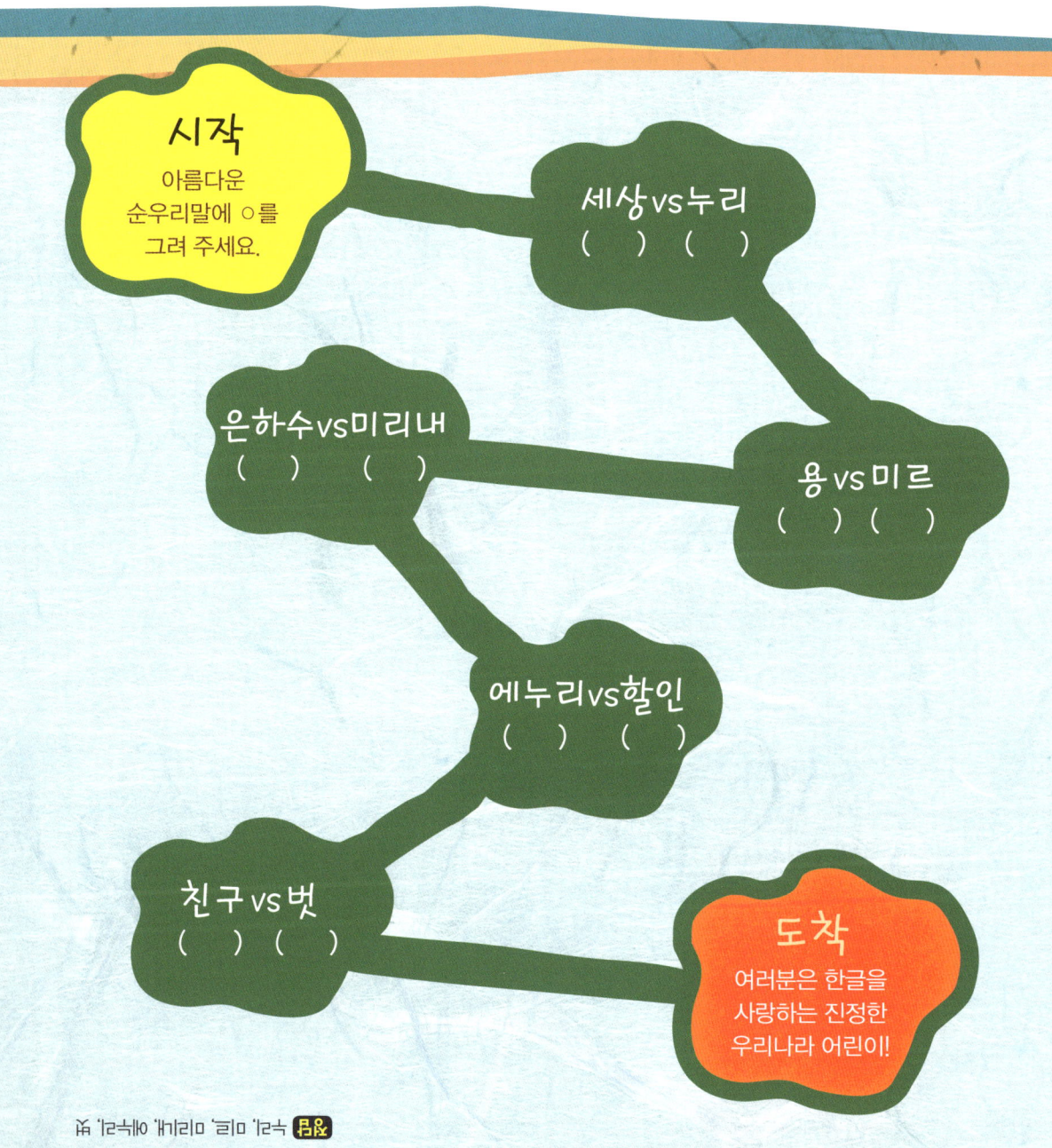

5장

가까운 미래, 파리에서 온 편지

 한글을 되돌려드립니다!

　안녕하세요. 내 이름은 앙드레입니다. 며칠 전 한국에 '한글박물관'이 문을 열었다는 말을 듣고 얼마나 반가웠는지 모릅니다. 나는 곧장 파리행 티켓을 예약했습니다. 그러고는 어머니에게 전화를 걸었지요.

　"어머니, 할아버지가 물려주신 한국 고서들을 잘 챙겨 놓으세요. 제가 가지러 갈게요."

　몽마르트르 언덕에서 갤러리를 하는 어머니는 내 전화를 받고 창고에서 '할아버지가 물려주신 한국 고서'를 꺼내다 놓으셨습니다. 그것은 나의 증조할아버지가 대한제국의 외교관으로 있는 동안에 수집한 책들이랍니다. 모두 14세기와 15세기 경에 훈민정음으로 쓰인 책들로, 궁궐에서 일을 하는 궁녀들이 사사로이 자신들의 잡기 질서없이 기록한 자질구레

한 일를 적은 일기책과 소설책들이었지요.

증조할아버지는 대한제국을 떠날 때 그 책들을 가지고 파리로 돌아오셨다고 합니다. 당시 대한제국의 상황이 그 자료들을 관리하지 못할 것 같았다고 했습니다.

"돌아오고 몇 해 뒤에 한국전쟁이 터졌지. 그 후에는 분단이 되어서 어느 쪽에 돌려줘야 할지 몰랐고 말이야. 그렇게 차일피일 미루다 보니 지금까지 돌려주지 못하고 있구나."

입버릇처럼 그 이야기를 하셨던 증조할아버지는 꼭 그 책들을 한국에 돌려줘야 한다고 하셨답니다. 증조할아버지에 이어 할아버지도 그 생

가까운 미래, 파리에서 온 편지

각을 내내 하고 계셨습니다. 하지만 부모님은 할아버지가 돌아가신 뒤로 그 책들을 까마득하게 잊고 지냈습니다. 그러다 작년에 내가 한국에 교환 교수로 가게 되자, 그 일을 떠올리셨더랍니다.

"한국에 가거든 그 책들을 돌려줄 방법을 찾아보렴."

어머니가 그렇게 당부를 하셨기에, 나는 늘 그 생각을 가지고 있었지요. 가장 적절한 방법으로 그 책들을 돌려주면 좋겠다고 생각했는데, 그 기회가 바로 '한글박물관'이라는 생각이 들었답니다.

"정말 잘됐구나. 이 책들이 소중하게 쓰이면 좋을텐데."

어머니는 기뻐하며 그 책들을 챙겨 주셨습니다. 나는 한국에서 가져온 조각보여러 개의 헝겊 조각으로 만든 보자기에 그 책들을 감싸 커다란 가방에 넣어 조심스럽게 한국으로 가져왔습니다. 그리고 한글박물관 관장에게 전화를 걸어 기증하겠다고 말씀드렸죠.

"감사합니다. 외국으로 유출귀중한 정보나 물품이 밖으로 나가 버림된 자료가 돌아오다니 더욱 반갑습니다. 좋은 결정해 주신 점, 다시 한 번 감사드립니다."

그렇게 해서 우리 집안에서 소중하게 간직해 오던 한글 자료들이 한글박물관으로 자리를 옮기게 되었지요. 그 책들이 한글박물관에 전시되는 것을 보며, 나는 새삼 눈시울이 뜨거워졌습니다.

아주 어렸을 때, 할아버지가 처음으로 그 책들을 보여 주었을 때가 떠

오르네요. 나는 그 낡은 책들을 잔뜩 뒤덮은 먼지 때문에 몇 번이나 기침을 해 댔습니다. 코가 매웠거든요. 그런데 그 책을 펼쳤을 때 그 안에 정갈하게 담긴 글씨를 보고 놀랐던 기억이 납니다. 할아버지의 설명으로는 400~500년도 넘은 고서오래된 책라고 했는데, 글씨들이 방금 써서 인쇄기로 찍어 낸 것처럼 깔끔했거든요.

더군다나 누군가가 손으로 쓴 글씨라는데 예술 작품처럼 아름다워 보였답니다. 그 책들의 글씨는 낯설었지만, 나는 그 글씨체에 반해서 '한글'을 공부하기로 마음을 먹었습니다.

나는 대학생이 되었을 즈음에는 한글을 제법 읽게 되었지만, 그 고서들은 읽을 수 없었습니다. 그것들은 모두 옛말로 쓰여 있어서 전문적인 공부를 해야 했던 것입니다. 나는 그 책의 비밀을 풀고 싶었습니다. 그래서 한국에서 제대로 한글 공부를 해야겠다고 생각하고 한국에 있는 대학교를 선택해 국문학과에 입학을 하였지요. 한국에서 나는 훈민정음을 제대로 공부할 수 있었습니다. 그리고 증조할아버지가 한국에서 가져온 책들이 궁녀들의 일기와 소설책이라는 것을 확인할 수 있었습니다. 하지만 나는 쉽게 그 책들을 일반 박물관에 기증하고 싶지는 않았습니다. 그 가치가 빛을 보지 못할 것 같았거든요. 증조할아버지가 그 책들의 가치를 알아보고 한국에서 가져왔던 것처럼, 돌려줄 때에도 그 책들이 빛날 수 있는 곳에 돌려주고 싶었습니다.

비록 나는 프랑스 사람이지만 조상님들 덕분에 한글에 반해 대학교에서 한국어를 공부했고 그 과정에서 한글의 놀라운 가치를 발견할 수 있었지요. 그래서 나는 프랑스 사람인데도 불구하고 한글의 우수성을 알리는 일을 하게 되었습니다. 그렇게 한글에 관심을 쏟는 사이, 한글은 놀라운 속도로 여러 나라에 전파되었습니다.

얼마 전 프랑스도 유명한 한국 소설을 들여왔지요. 그 책 표지에는 한글로 멋드러진 글씨가 적혀 있었습니다. 그 글씨체가 얼마나 멋진지 파리 시내의 서점에서 그 책의 서체를 흘끔거리는 숱한 시선을 볼 수 있었답니다. 한글의 아름다운 조형미가 그림처럼 가슴에 새겨지는 것 같았지요.

특히 내게 가장 큰 충격을 준 사건은 한국의 한 패션 디자이너가 선보인 의상이었습니다. 모델들이 무대 위를 걸을 때, 하얀 옷이 한지처럼 나부끼고 그 위에 한글이 꽃처럼 피어서 먹의 향기를 뿜어 냈답니다. 패션과 멋에 관해 높은 안목을 가진 손님들을 비롯해 패션 쇼를 보던 사람들이 모두 일어나 기립 박수를 보냈지요. 그들 대부분은 한글이나 한국에 대해서 잘 모르는 사람들이었지만, 디자이너가 보여 준 의상의 아름다움만은 알아보는 안목이 있었답니다. 그래서 나는 한국에 교환 교수로 오자마자 인사동의 서예 교실에서 서예를 배우고 캘리그라피_{붓이나 펜을 이용해 종이나 천에 글씨를 쓰는 일} 수업도 들었지요.

이뿐이 아닙니다. 나야 원래 한국 가요를 즐겨 부르지만, 얼마 전부터 큰딸 잔느도 한국의 가요인 케이팝(K-POP)을 즐겨 부르는 것을 알게 되었어요. 작은 딸 마리는 이제 고작 다섯 살인데, 한국의 만화 영화 뽀로로를 즐겨 본다는 것도 아내에게 들었지요. 한국 가요에 빠진 큰딸은 자기 방에 한국 아이돌들의 포스터를 붙여 놓고 거기에 깨알같이 작은 글씨로 멤버들의 이름을 적어 놓았더군요. 그것도 모두 한글로 말이에요. 다섯 살 마리는 프랑스 어도 아직 완벽하게 말하지 못하면서 만화 주인공들의 이름만은 말할 줄 알고 "안녕!"이라고 인사도 합니다. 그러다 보니 막내를 위해 뽀로로 비디오와 인형 등을 사 주게 되더군요. 큰딸 잔느에게 들어 보니, 최근 한국 가요에 빠져 있는 세계의 젊은이들이 자신이 좋아하는 한국 연예인들의 춤, 의상, 화장법까지 따라한다더군요. 또 한국 드라마와 영화를 찾아볼 뿐만 아니라 심지어 좋아하는 연예인을 보러 한국을 방문한다고 합니다. 이들 대부분은 자연스럽게 한글에 관심을 갖고 직접 배우기도 하지요.

나는 한국 가요가 인기를 끄는 건 소리 에너지를 시각화시키는 한글의 매력이 큰 몫을 했다고 생각해요. 노래를 따라 부르다 보면 무슨 뜻인지 이해하기 위해 한국어를 배우게 되고 글도 익히게 되는 것이 큰 장점이 되지 않나 생각합니다.

나는 가끔 생각합니다. 프랑스 영화들 가운데 유럽 역사를 재미있게 풀어내는 작품들이 많이 있습니다. 한국 사람들도 한글에 관한 이야기를 영화나 드라마 또는 소설로 재미있게 만들면 어떨까 하고요. 이런, 제 딸이 벌써 그런 이야기들이 있다고 옆에서 알려 주네요, 하하하! 이제 세종대왕은 세계적으로 유명한 인물이 되었고, 한글도 이제는 더 이상 낯선 언어가 아닙니다.

　한글 창제 과정을 자세히 살펴보면 마치 영화를 보는 듯한 느낌이 들기도 합니다. 그만큼 흥미진진한 이야기들이 곳곳에 숨어 있거든요.

　이제 한글은 자연스럽게 영역을 넓혀 세계로 나갈 것이라고 믿습니다. 그러기 위해서는 고서들을 더욱 적극적으로 발굴하고, 어떻게 하면 한글과 한국을 세계에 널리 알릴 수 있을까 함께 고민하는 일도 꼭 필요

일본 도쿄에 있는 코리아타운의 모습

합니다. 나 또한 힘이 닿는 한 한글이 잘 보존되고 더 발전할 수 있도록 노력할 것입니다.

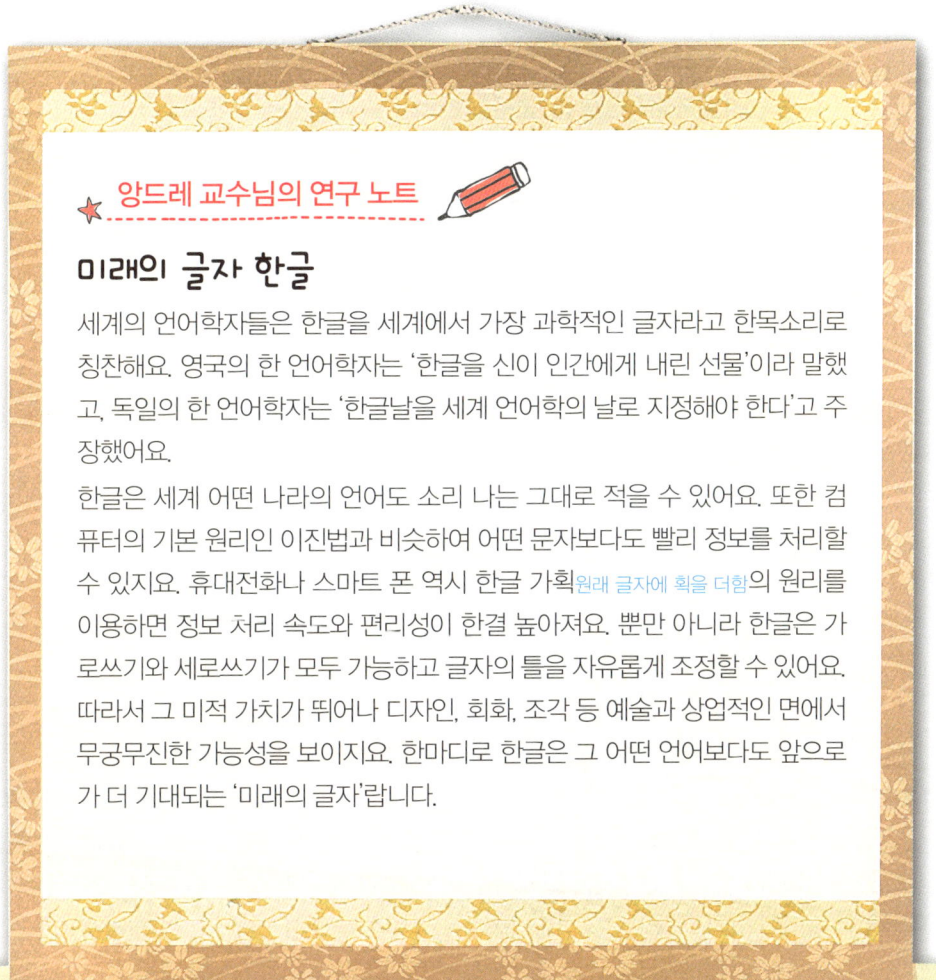

★ 앙드레 교수님의 연구 노트

미래의 글자 한글

세계의 언어학자들은 한글을 세계에서 가장 과학적인 글자라고 한목소리로 칭찬해요. 영국의 한 언어학자는 '한글을 신이 인간에게 내린 선물'이라 말했고, 독일의 한 언어학자는 '한글날을 세계 언어학의 날로 지정해야 한다'고 주장했어요.

한글은 세계 어떤 나라의 언어도 소리 나는 그대로 적을 수 있어요. 또한 컴퓨터의 기본 원리인 이진법과 비슷하여 어떤 문자보다도 빨리 정보를 처리할 수 있지요. 휴대전화나 스마트 폰 역시 한글 가획원래 글자에 획을 더함의 원리를 이용하면 정보 처리 속도와 편리성이 한결 높아져요. 뿐만 아니라 한글은 가로쓰기와 세로쓰기가 모두 가능하고 글자의 틀을 자유롭게 조정할 수 있어요. 따라서 그 미적 가치가 뛰어나 디자인, 회화, 조각 등 예술과 상업적인 면에서 무궁무진한 가능성을 보이지요. 한마디로 한글은 그 어떤 언어보다도 앞으로가 더 기대되는 '미래의 글자'랍니다.

재미있는 우리말의 유래

깡통과 깡패
깡통의 '깡'은 영어 캔(can)을 일본식으로 발음한 것이고, 통(筒)은 그릇을 뜻하는 한자어예요. 쇠붙이나 플라스틱으로 만든 통조림 모양의 통을 가리키지요. 깡패는 범죄를 저지르는 무리를 뜻하는 영어 갱(gang)과 몰려다니는 무리라는 뜻의 한자 패(牌)가 합해져 만들어졌답니다. 폭력을 휘두르며 못된 짓을 일삼는 무리를 가리키지요.

난장판
'난장'은 원래 선비들이 과거 시험을 보기 위해 질서 없이 모여들어서 뒤죽박죽이 된 곳을 뜻했어요. 여기에 일이 벌어진 자리라는 뜻의 '판'이 붙어 여러 사람이 뒤섞여 떠들어대 정신이 없는 장소를 가리키는 말이 되었답니다.

달걀
계란이라고도 말해요. 계란은 닭 계(鷄)와 알 란(卵)이 합쳐진 한자어입니다. 반면에 달걀은 순우리말로 '닭의 알'이라는 말에서 유래했어요. '닭의 알'이 '닭이알'이 되고 이것이 다시 바뀌어 '달걀'이 되었지요.

무지개
무지개는 '므지게'라는 우리나라 옛말에서 왔어요. 므지게는 '믈'과 '지게'가 합쳐진 말이에요. 15세기에는 물을 '믈'이라고 불렀어요. 그리고 '지게'는 집에서 사용하는 문의 한 종류로 윗부분이 둥근 곡선 모양이었답니다. 그래서 무지개는 원래 '물로 만들어진 문'이라는 뜻을 가지고 있어요.

소매치기
옛날 사람들이 입고 다니던 옷은 소매가 굉장히 크고 넓었어요. 그래서 그 안에 돈이나 귀중한 물건을 넣고 다녔지요. 바로 여기에서 '소매치기'라는 말이 나왔습니다. 옛날에는 옷소매에 무엇이 들어 있는지 알아보려면 살짝 쳐 보기만 해도 알 수 있었으니까요.

시치미를 떼다
고려 시대에는 매 사냥이 활발했는데 길들인 사냥매를 도둑맞는 일도 많았대요. 그래서 자기 매에 특별한 꼬리표를 매달았는데 그것이 바로 '시치미'예요. 이 시치미를 떼어 버리면 누구의 사냥매인지 알 수가 없었지요. 즉, 알고도 모르는 척하는 경우를 '시치미를 떼다'라고 표현한답니다.

약 오르다
여기에서 '약'은 아플 때 먹는 약이 아니라 어떤 식물이 자라나 매워지거나 써지는 성분을 말해요. 예를 들어 고추가 처음에 초록색이었다가 빨갛게 익었을 때 '약 오르다'라고 표현하지요. 즉, 놀림을 당해 얼굴이 빨개지거나 화가 난 사람에게 '약 오르다'라는 표현을 한답니다. 또 누군가를 놀릴 때 양 볼에 엄지를 대고 손가락을 흔드는 건 '불난 집에 부채질'한다는 행동을 뜻해요.

양치질
옛날 사람들은 요즘 사람들이 이쑤시개를 사용하듯이 양지(버드나무 가지)를 잘라 이를 청소했어요. 고려 시대 문헌을 보면 '양지질'이라는 말이 등장합니다. 19세기에 '이'를 뜻하는 한자어인 '치'와 섞이면서 지금의 '양치질'이 되었답니다.

어른과 어린이
어른은 '어르다'에서 유래했어요. '어르다'는 지금은 쓰이지 않는 옛말로 '배필로 삼다'라는 뜻이지요. 따라서 원래 어른은 '혼인한 사람'을 말한답니다. 어린이는 처음에는 '어리석은 사람'이라는 뜻으로 쓰였어요. 그러다가 아동 문학가였던 방정환 선생이 '어린 사람'이란 뜻으로 부르기 시작하면서 뜻이 바뀌었지요.

철부지
'철'은 사리를 분별하는 힘을 뜻해요. '철이 들다', '철이 없다'라는 말도 여기서 유래했지요. 여기에 알지 못한다는 한자어인 '부지'가 합해져 옳고 그름을 구별 못하는 어린애 같은 사람이라는 뜻이 되었습니다.

숨겨 놓은 단어를 찾아라!

한글에 관한 이야기를 잘 읽었나요? 낱말 퍼즐을 풀면서 본문에 나왔던 인물이나 용어를 복습해 봐요. 아래 보기에 해당하는 단어가 퍼즐 속에 꼭꼭 숨어 있대요!

난이도 ★★★☆☆

❶ 한글을 만든 조선의 왕
❷ 한글날의 처음 이름
❸ 집현전 학자로 명나라에 여러 번 다녀왔고 언어학에도 능통했다.
❹ 최초의 한글 신문
❺ 한글을 '국문'으로 인정한 왕

난이도 ★★★★★

① 조선의 건국과 앞날을 찬양하는 최초의 한글 책
② 최초의 한글 연구 단체 (현재의 한글학회)
③ 세종대왕 때 여진족을 몰아내기 위해 세운 행정 구역
④ 한글 사용을 탄압한 조선의 왕
⑤ 세종대왕 시대에 우리나라에 맞는 농사법을 담은 책
⑥ 고종 31년, 예전의 문물을 근대식으로 바꾸기 위해 일어난 개혁 운동

정답 ①용비어천가 ②조선어연구회 ③4군 6진 (사군 육진) ④연산군 ⑤농사직설 ⑥갑오개혁

어려운 용어를 파헤치자!

가획의 원리 훈민정음에서 가장 처음 만들어진 자음 5개에 획을 더해 비슷한 소리를 만든 원리를 말한다.

갑오개혁 고종 31년(1894년)부터 33년까지 일어난 개혁 운동. 그 결과 정치, 경제, 사회, 문화 등 여러 방면에서 근대적인 모습을 갖추게 되었다.

견고하다 굳고 단단하다.

공용어 한 나라에서 공식적으로 쓰는 언어

교역 나라와 나라 사이에 물건을 사고파는 일

닿소리(자음) 목, 입, 혀 등 발음 기관에 의해 목구멍이 좁아지거나 막혀서 나는 소리

망부석 아내가 멀리 떠난 남편을 기다리다 그대로 죽어 화석이 되었다는 전설이 내려오는 돌을 말한다.

매수 돈을 주고 사들임

목구멍소리 이나 혀의 영향을 받지 않고 목구멍에서 만들어지는 소리. 목구멍이 동그랗게 만들어질 때의 모습을 본떠 'ㅇ'을 만들었다.

무용지물 아무 쓸모가 없는 물건

무지몽매 아는 것이 없고 생각이 어두움

반포 세상에 널리 퍼뜨려 모두 알게 함

발음 기관 1. 동물들이 소리를 내는 기관 2. 목소리를 내는 데 쓰는 몸의 각 부분. 성대, 목젖, 구개, 이, 잇몸, 혀 등이 있다. 비슷한 말로 발성 기관 또는 음성 기관이 있다.

배재학당 1885년에 세워진 한국 최초의 근대식 교육 기관

삼강행실도 세종 14년(1432년) 설순 등이 왕의 명령에 따라 펴낸 책. 우리나라와 중국의 책에서 군신(임금과 신하), 부자(아버지와 아들), 부부간에 모범이 될 충신, 효자, 열녀들을 각각 35명씩 뽑은 다음, 그들의 이야기를 그림과 글로 표현하며 칭찬하였다. 성종 12년(1481년)에는 한글로 풀이한 언해본이 간행되었다.

상형 문자 물건의 모양을 본떠 만든 문자. 한자, 수메르 문자, 이집트 문자 등이 있다.

애민 정신 백성을 사랑하는 정신

양반 조선 시대에 지배층이었던 사람들을 가리킨다.

어금닛소리(뒤 혓소리) 혀의 뒷부분이 'ㄱ' 모양으로 목젖 부분에 붙을 때 갇혔다 터져 나오는 소리. 그때의 발음 기관 모양을 본떠 'ㄱ'을 만들었다.

어원 어떤 말이 생기게 된 동기나 원인

언문 점잖지 못하고 상스러운 말

오행 사상 동양철학에서 우주 만물을 이루는 다섯 가지 원소로 금(金), 수(水), 목(木), 화(火), 토(土)를 말한다.

요새 군사적으로 중요한 곳에 튼튼하게 만들어 놓은 방어 시설 또는 그런 시설을 한 장소

음양 사상 동양철학에서 우주 만물의 서로 반대되는 두 가지 기운. 예를 들어 달과 해, 겨울과 여름, 남자와 여자 등을 가리킨다.

이두 한자의 음과 뜻을 빌려 우리말을 표현한 규칙

이슬람교 610년에 아라비아의 예언자 마호메트가 창시한 세계 3대 종교의 하나. 유일신 알라의 말을 정리해 책으로 펴낸 것을 코란이라고 한다. 오늘날에는 수니파와 시아파 등 여러 파로 분열되었다. 세계 곳곳에 널리 퍼져 신도의 수만 4억 명이 넘는다.

인디오 라틴 아메리카에 사는 인디언들을 부르는 말

입술소리 입술 모양에 따라 달라지는 소리로, 발음을 할 때의 입술 모양을 바탕으로 'ㅁ'을 만들었다.

잇소리 이와 이 사이에서 혀를 가져다 댈 때 만들어지는 소리. 그 모양을 본떠 'ㅅ'을 만들었다.

종성 한 음절에서 마지막 소리를 가리키는 것으로 자음을 이용한다. 예를 들어 '달'에서 'ㄹ'을 말한다.

중인 조선 시대에 양반과 평민의 중간에 있던 신분 계급을 말한다. 주로 기술직이나 사무직에서 일하던 사람들을 가리킨다. ,

집현전 고려 시대부터 조선 시대 초기까지 궁중에 설치한 학문 연구 기관. 한글은 세종의 명령으로 집현전 학자들이 중심이 되어 만들어졌다.

초성 한 음절에서 처음 소리를 가리키는 것으로 자음을 이용한다. 예를 들어 '문'에서 'ㅁ'을 말한다.

탄압 권력이나 힘으로 억지로 못하게 함

풀각시 막대기나 수수깡의 한쪽 끝을 꼬아서 만든 인형

표기 1. 적어서 나타냄 또는 그런 기록 2. 문자 또는 음성 기호로 언어를 표시함

표음 문자 말소리를 그대로 나타낸 문자. 한글, 로마자 등이 있다.

표의 문자 언어의 음과 상관없이 뜻을 나타내는 문자. 한자가 대표적이다.

혓소리(앞 혓소리) 혀의 모양이 'ㄴ' 모양이 되면서 윗니 앞부분에 혀가 닿을 때 만들어지는 소리. 그때의 발음 기관 모양을 본떠 'ㄴ'을 만들었다.

홀소리(모음) 목, 입, 코를 거쳐 나오면서 목구멍의 방해를 받지 않고 나는 소리

한글에 대해 더 많이 알고 싶을 땐 여기를 가 봐!

국립국어원 http://www.korean.go.kr/
1984년 창립된 국어 연구 기관 '국어국립원'의 웹 사이트. 외래어, 사투리, 표준어 등 한글의 다양한 정보와 올바른 사용법을 알려 준다. '표준국어대사전'에서 모르는 단어를 검색해 그 뜻을 찾아볼 수도 있다.

디지털한글박물관 http://www.hangeulmuseum.org/
세종대왕과 집현전 학자들의 한글 창제 과정을 한눈에 살펴볼 수 있다. 한글뿐만 아니라 세계 여러 가지 언어의 역사와 한글의 위상, 전통 문화, 한류까지 폭넓게 다루고 있다.

우리말 배움터 http://urimal.cs.pusan.ac.kr/
어떻게 하면 한글을 올바르게 사용하여 짜임새 있는 글을 쓸 수 있는지 알려 준다. 또한 자신이 쓴 문장이 맞춤법과 문법에 맞는지 검사해 볼 수도 있다. 속담 풀이나 순우리말 사전도 제공한다.

한글재단 http://www.hangul.or.kr/
한글이란 무엇이고 어떤 원리로 만들어졌는지 배울 수 있고, 한글과 한자의 차이점도 알 수 있다. 한자나 외래어 대신 쓸 수 있는 순우리말도 소개하고 있다.

한글학회 http://www.hangeul.or.kr/
1921년 창립된 한국 최초의 한글 연구 단체 '조선어연구회'에서 시작되었다. 연구 내용뿐만 아니라 활동 내역까지 자세히 살펴볼 수 있다. 한글에 대해 궁금한 점을 직접 게시판에 올릴 수 있고, 다른 사람의 글도 읽을 수 있다.

신 나는 토론을 위한 맞춤 가이드

한글에 대한 이야기를 재미있게 읽었나요? 이제 한글 박사가 다 되었다고요? 그 전에 마지막 단계인 토론을 잊지 마세요. 토론을 잘하려면 올바른 지식과 다양한 정보가 바탕이 되어야 해요. 책을 다 읽고 친구 또는 엄마와 함께 신 나게 토론해 봐요!

잠깐! 토론과 토의는 뭐가 다르지?

토론과 토의는 모두 어떤 문제를 해결하기 위해 의견을 나누는 일입니다. 하지만 주제와 형식이 조금씩 달라요. 토의는 여러 사람의 다양한 의견을 한데 모아 협동하는 일이, 토론은 논리적인 근거로 상대방을 설득하는 일이 중요합니다. 토의는 누군가를 설득하거나 이겨야 하는 것이 아니기 때문에 서로 협력해서 생각의 폭을 넓히고 좋은 결정을 내릴 때 필요해요. 반면 토론은 한 문제를 놓고 찬성과 반대로 나뉘어 서로 대립하는 과정을 거치지요.
넓은 의미에서 토론은 토의까지 포함하는 경우가 많습니다. 토론과 토의 모두 논리적으로 생각 체계를 세우고, 사고력과 창의성을 높이는 데 도움을 준답니다.

토론의 올바른 자세

말하는 사람
1. 자신의 말이 잘 전달되도록 또박또박 말해요.
2. 바닥이나 책상을 보지 말고 앞을 보고 말해요.
3. 상대방이 자신의 주장과 달라도 존중해 주어요.
4. 주어진 시간에만 말을 해요.
5. 할 말을 미리 간단히 적어 두면 좋아요.

듣는 사람
1. 상대방에게 집중하면서 어떤 말을 하는지 열심히 들어요.
2. 비스듬히 앉지 말고 단정한 자세를 해요.
3. 상대방이 말하는 중간에 끼어들지 않아요.
4. 다른 사람과 떠들거나 딴짓을 하지 않아요.
5. 상대방의 말을 적으며 자기 생각과 비교해 봐요.

우리의 자랑거리, 한글

한글은 다른 언어와 비교했을 때 이모저모로 다른 점이 많아요. 자랑할 거리도 참 많지요. 외국인에게 한글을 자랑한다면 무얼 먼저 말하고 싶나요? 한글의 탄생에서부터 그 원리와 미래까지 자신이 소개하고 싶은 한글의 모습을 적어 봅시다.

1. 한글은 세계의 여러 문자 가운데 유일하게 만든 사람과 반포일, 글자를 만든 원리까지도 알 수 있어. 그 가치를 인정받아서 유네스코 세계기록유산으로 지정되었지.

2.

3.

4.

한글과 인터넷 용어

요즘 인터넷과 소셜 네트워크(SNS)가 많이 활용되고 있어요. 그래서 신조어(새로운 말)와 줄임말, 유행어 등이 널리 퍼지고 있지요. 이와 관련하여 다음 신문 기사를 읽고 토론해 봅시다.

청소년들의 언어 세계에 엄청난 영향을 미치는 인터넷에서는 수없이 많은 신조어가 떠올랐다가 사라진다. 예를 들어 '쩐다'(대단하다)라는 표현이 입소문을 타기 시작하면 누리꾼들이 검색을 통해 이 말의 뜻을 깨치고 바로 응용하는 식이다. 반짝 떴다가 사라지는 유행어도 있지만 '안습'(눈물이 날 정도의 상황)처럼 10년 넘게 장수하는 조어도 있다. '손발이 오그라든다'처럼 TV의 오락 프로그램에까지 전파돼 널리 쓰이는 사례도 있다.

인터넷상에서 신조어가 만들어지는 방법은 다양하다. '발연기'(연기를 못한다는 뜻)처럼 기존 단어에 '발'이나 '개'와 같은 부정적인 어감의 접두어를 붙이는 것이 가장 기본적인 방법이다. '시벨리우스'나 '병림픽'처럼 인터넷에서 쓸 수 없는 금칙어 지정 규정을 '창의적'으로 피해 가며 비속어를 만들어 내기도 한다.

인터넷 신조어는 교과서적인 어휘만으로는 진솔한 감성을 표현하기 힘들기 때문에 제조되고 유통된다. 하지만 한정된 또래 집단이나 게임 채팅창에서만 뜻이 통하는 경우가 많고 대부분 유통 기한도 짧아 널리 이용되기는 어렵다.

2010/08/14 동아일보

1. 요즘 자신이 가장 자주 사용하는 신조어에는 어떤 것들이 있나요? 뜻은 무엇이고 어디서 처음 생겨났나요?

2. 신조어를 사용할 때 좋은 점과 나쁜 점에 대해 이야기해 봅시다.

좋은 점 예) 친구들과 재미있게 대화할 수 있다.

나쁜 점 예) 욕설이나 부정적인 뜻의 말이 많다.

3. 인터넷 용어 사용에 대해 어떻게 생각하나요? 사회적으로 자연스러운 현상일까요, 아니면 우리 모두가 고쳐 나가야 할 문제일까요?

찬성: 인터넷 용어 사용은 매우 자연스러운 사회 현상이다.
이유:

VS

반대: 인터넷 용어를 가급적 사용하지 않는 것이 좋다.
이유:

외국어 간판과 한글 간판

도시에서 외국어로 쓰인 간판은 쉽게 찾아볼 수 있지만 한글로 된 간판은 점점 줄어들고 있어요. 간판을 한글로 만들면 촌스럽다거나 시대에 맞지 않다고 생각하는 사람들도 있지요. 하지만 샘이 깊은 물(한정식 식당), 낮엔 해처럼 밤엔 달처럼(안경점), 소꼴 베러 가는 날(한우 전문점), 하얀 종이 위에(미술 학원) 등 세련되고 멋진 한글 가게 이름도 많답니다.

1. 우리 주변에서 쉽게 찾아볼 수 있는 외국어로 된 간판이나 회사 이름에는 무엇이 있나요? 그리고 한글로 된 간판도 찾아봅시다.

2. 점점 많은 외국인들이 해마다 한국을 찾고, 외국과의 교류도 이전보다 더 활발해졌습니다. 그렇다면 한국에서 외국어 사용은 어디까지 허용해야 할까요? 친구들과 외국어 사용에 대해 토론해 봅시다.

찬성: 국제화 시대에 맞추어 적당한 외국어 사용은 허용해야 한다.
이유:

VS

반대: 한글로 바꿀 수 있는 외국어는 모두 바꾸어 써야 한다.
이유:

아름다운 우리말로 바꾸어요

친구들이나 부모님과 대화를 할 때 외국어를 사용하는 경우가 꽤 많습니다. 버스나 피아노 등 일상용어로 자리 잡은 단어도 있지만, 굳이 영어나 일본어를 사용하지 않아도 되는 단어도 많지요. 다음에 나오는 외국어를 순우리말로 바꾸어 다시 써 보세요.

> 너 그 가수 무대 봤어? 정말 **파워풀**하더라! 그 가수가 **게스트**로 나온 **토크 쇼**를 본 적이 있는데 그걸 보고 **콘서트**를 보니까더 감동적이었어. 명품 **바이크**를 타고 등장하는데 정말 멋있더라고.

> 다이어트를 해야 할 것 같아. 스커트가 너무 작아서 안 들어가.

> 썸머 바캉스 이벤트에 당첨이 되었어. 해운대에서 열리는 청소년 비치 캠프에 참여할 수 있대!

나도 한글 디자이너

한글은 읽고 쓰는 데에 사용되는 것뿐만 아니라 옷, 장식품, 장신구, 그림, 조각 등 여러 가지 예술 작품에도 응용되고 있어요. 어떤 작품들이 있는지 찾아보고 나만의 한글 작품도 그려 보세요.

물병

티셔츠

또 어떤 작품들이 있을까요?

자기만의 글씨체도 만들고 작품에 이름도 붙여 봅시다.

예시 답안

우리의 자랑거리, 한글

2. 옛날 우리나라는 한자를 사용했고, 백성들은 한자를 배우지 못해 생활하는 데 많은 어려움을 겪었어. 세종대왕이 이런 백성들을 불쌍히 여겨서 만든 글자가 바로 한글이야. 백성들을 사랑하는 왕의 마음이 묻어 있는 감동적인 발명품이지.
3. 한글은 매우 과학적인 언어야. 사람의 발음 기관을 본떠서 만들었지. 말하는 소리와 글자가 같아서 누구라도 금방 익힐 수 있어.
4. 한글은 문자의 역할도 하지만 디자인, 그림, 조각 등 다양한 예술 분야에 응용될 수 있어. 뿐만 아니라 다른 나라의 언어도 표기할 수 있기 때문에 세계의 많은 사람들이 사용할 수 있지.

한글과 인터넷 용어

2. **좋은 점** : 줄임말이 많아서 글을 쓸 때나 문자를 보낼 때 간편하다.
   나쁜 점 : 신조어를 잘 모르는 사람과는 대화하기가 어렵다.
3. **찬성** : 많은 사람들이 인터넷과 스마트 폰으로 대화를 나눈다. 따라서 이러한 요즘 상황에 맞는 새로운 용어도 필요하다.
   반대 : 인터넷 용어에는 욕설이나 부정적인 뜻을 가진 단어도 많아서 한글의 아름다운 모습을 훼손시킬 위험이 있다.

외국어 간판과 한글 간판

2. **찬성** : 이미 한국에는 외국 회사들이 많이 들어와 있다. 그것을 굳이 한글로 바꾸려고 한다면 국제화 흐름에 맞지 않고, 오히려 부작용이 생길 수 있다.
   반대 : 외국어 간판이 점점 더 늘어난다면 한국 고유의 이미지를 보존하기 힘들 수도 있다. 또한 요즘 한국을 찾는 외국인들이 많이 늘어나고 있기 때문에 한국의 전통문화를 알리기 위한 방법으로 한글 사용을 적극 장려해야 한다.

글쓴이 이현정

경상북도 김천에서 태어나 산과 들에서 뛰놀며 어린 시절을 보냈습니다. 작가가 되기 위해 동국대학교 문예창작과에서 공부한 후, 지금은 꿈꾸는 꼬리연에서 어린이를 위한 책을 쓰고 있지요. 지은 책으로는 『공주에게 비밀이 생겼어요』, 『훈민정음의 비밀』 등이 있습니다.

그린이 임성훈

1994년 《소년 챔프》 만화 공모전에 입상하였고, LG·동아 국제만화공모전에서 극화 부문 우수상을 수상했습니다. 《어린이과학동아》에 「황금 돼지의 영재 퍼즐」을, 이외에도 여러 잡지와 신문에 「백박사의 통일 이야기」, 「환혼탕」 등의 작품들을 연재했어요. 단행본으로는 「마법 천자문을 찾아라」 시리즈, 『번개 기동대』 등이 있습니다.

초등 융합 사회과학 토론왕 시리즈 ❾ 세계를 담은 한글

- 이 책에 실린 일부 내용은 《과학동아》, 《어린이과학동아》에 게재된 기사를 재인용하였습니다.
- 이 책에 실린 사진은 다음과 같이 기관 혹은 개인으로부터 게재 허가를 받았습니다. (가나다 순) 다만 출처를 잘못 알고 실은 사진이 있는 경우 해당 저작권자와 적법한 계약을 맺을 것입니다.

　동아일보
　위키피디아